Inhalt

Textaufgaben

Geometrie

Hallo ____________________ !

(dein Name)

Bist du in der 3. Klasse und möchtest nach der Grundschule gern ins Gymnasium gehen? Brauchst du dafür im Fach Mathematik noch bessere Noten?

Kein Problem! Dieser Klassenarbeitstrainer unterstützt dich auf deinem Weg ins Gymnasium und hilft dir, dich für das Schreiben von Klassenarbeiten im Fach Mathematik fit zu machen.

In diesem Heft findest du 24 Klassenarbeiten. Such dir ein Thema aus, in dem du dichtesten möchtest. Geh dabei am besten so vor, wie du auch in der Schule eine Klassenarbeit schreibst. Dazu trennst du die Klassenarbeit aus dem Heft. Dann nimm dir 45 Minuten Zeit, um die Aufgaben zu lösen. Meistens kannst du direkt auf das Blatt schreiben, für manche Aufgaben brauchst du ein Extrablatt.

Damit du weißt, wie gut du wirklich bist, kannst du dir für jeden Test eine Note geben. Diese Note kannst du in deine persönliche Leistungskurve auf Seite 15/16 eintragen. Hier siehst du genau, wo deine Stärken liegen und welche Bereiche du noch üben solltest.

Wenn du bei einem Thema unsicher bist und vor dem Ausfüllen der Klassenarbeit das Wichtigste noch mal wiederholen möchtest, findest du ab Seite 6 die wichtigsten Regeln kurz zusammengefasst.

Richtige Klassenarbeits-Profis kann nichts aus der Ruhe bringen! Deshalb findest du auf den Seiten 4 und 5 tolle Tipps, wie auch du gelassen die nächste Klassenarbeit meisterst!

Auf deinem Weg ins Gymnasium wünschen wir dir viel Erfolg!

Autorin und Verlag

P.S: Der Ratgeber mit wertvollen Tipps für deine Eltern befindet sich auf der hinteren Umschlagseite.

1 Habe Zutrauen zu dir, und arbeite aktiv mit!

Auch wenn dir Freunde oder Erwachsene Hilfe anbieten – wenn du einmal nicht weiterweißt, arbeite in der Schule immer aktiv und aufmerksam mit.

- ✔ Versuche die Hausaufgaben immer selbstständig zu bearbeiten. Frage erst, wenn du wirklich nicht mehr weiterweißt.
- ✔ Formuliere Fragen schriftlich, und sammle sie. Am Ende kannst du sie gezielt stellen. Manchmal erledigen sich Fragen dabei ganz von selbst.
- ✔ Übe täglich ein wenig. Du gewöhnst dich schnell an diese kurzen Arbeitsphasen.

Auf diese Weise bist du immer auf dem Laufenden und musst vor einem Test nicht plötzlich unter Zeitdruck ganz viel wiederholen.

2 Übe das Richtige!

Du kannst selbst am besten einschätzen, was du noch nicht so gut kannst. Beschäftige dich gerade mit diesen für dich schwierigen Aufgaben und verschwende keine Zeit mit Aufgaben, die dir leichtfallen.

3 Übe, wenn du üben kannst!

Wenn du viele Hausaufgaben aufhast, an denen du lange arbeitest, gehört das schon mit zur täglichen Übung. Denn mit den Hausaufgaben vertiefst du, was du in der Schule gelernt hast. Wenn du wenig aufhast und auch sonst der Tag nicht so anstrengend für dich war, kannst du ruhig noch etwas zusätzlich üben. Plane deine Übungszeiten so gut es geht vor.

4 Kannst du schnell rechnen?

Fühlst du dich hier unsicher? Dann trainiere während deiner Übungszeit zum Beispiel Aufgaben des kleinen Einmaleins, oder lass dir von deinen Eltern Kopfrechenaufgaben stellen. Beim Nachdenken versuchst du automatisch, den leichtesten Weg zur Lösung zu finden. Genau das hilft dir, bei Klassenarbeiten Zeit zu sparen. Wenn du schon ein Kopfrechenprofi bist, dann versuche noch schneller zu werden!

5 Erinnere dich!

Zur Lösung jeder Aufgabe gibt es Regeln, die du anwenden kannst. Versuche sie dir zu merken. Beim Subtrahieren ergänzt du vielleicht lieber, als dass du abziehst. Wende zur Lösung von Aufgaben, die du nicht so gern rechnest, immer die Regel an, die dir am besten liegt.

6

Werde stärker!

Steigere dich, indem du mit leichteren Übungsaufgaben beginnst. Wenn sie dir keine Schwierigkeiten mehr bereiten, löse schwierigere, bis auch die dir leichtfallen.

7

Behalte die Übersicht!

Wenn du viele Dinge auf einmal erledigen sollst, verlierst du leicht die Übersicht. Deshalb konzentriere dich beim Üben auf ein Thema. Wenn du dir die Übungszeit eingeteilt hast und regelmäßig arbeitest, hast du Zeit, alle Themen nacheinander intensiv zu üben.

8

Wähle den besten Rechenweg!

Zur Lösung deiner Aufgaben solltest du immer den Rechenweg einschlagen, der dir am meisten liegt. Selbst wenn er vielleicht nicht der kürzeste ist, so ist er für dich doch der sicherste.

9

Kontrolle sichert Punkte

Wenn du mit deinem Test schon früh fertig geworden bist, gebe ihn nicht gleich ab. Kontrolliere deine Lösungen noch einmal mit den gelernten Möglichkeiten. Für Arbeitsgeschwindigkeit gibt es in Tests nämlich keine Noten, sondern nur für deine Lösungen und Lösungswege. Damit dir das Kontrollieren im Test nicht so lästig wird, gewöhne dich zu Hause beim täglichen Training daran. Die Zeit ist nicht verloren, weil jede Kontrolle ja auch eine Rechnung ist!

10

Schlaf gut!

Wenn du regelmäßig übst und mithilfe der 9 Tipps das Rechnen trainierst, kann bei Klassenarbeiten bald nichts mehr schiefgehen. Du kannst also beruhigt sein und auch in der Nacht davor gut schlafen. Denn nur ausgeruht bist du fit für die nächste Klassenarbeit!

Stellenwerttafeln

In Stellenwerttafeln kannst du Zahlen übersichtlich darstellen. Du siehst in jeder Spalte, wie viele „Mitglieder“ von jeder Stelle vorhanden sind. Pro Stelle können es jeweils höchstens 9 davon sein.

Beispiel: 38 Zehner = 38 · 10 = 380

H	Z	E
3	8	0

Zahlenstrahl

- Auf einem Zahlenstrahl sind Zahlen übersichtlich angeordnet. Er hilft dir, die Größe von Zahlen zu vergleichen. Von links nach rechts werden die Zahlen größer. Die Zwischenräume (oder auch Schritte, Intervalle) zwischen den Zahlen sind immer gleich groß.

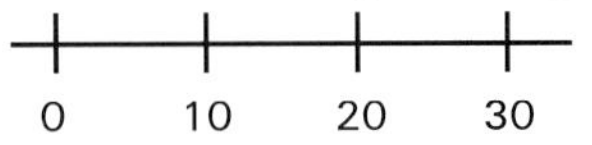

Hier geht es pro cm in 10er-Schritten weiter.

- Der Zahlenstrahl hilft dir ebenfalls beim Feststellen von **Nachbarzahlen**. Beispiel:

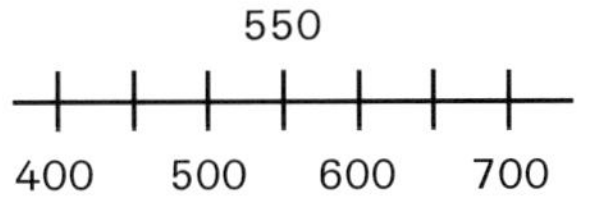

Die Nachbarhunderter von 550 sind 500 und 600.

- Wenn du selbst einen Zahlenstrahl zeichnest, um ihn als hilfreiche Skizze zu verwenden, werden die Zwischenräume sicherlich nicht genau gleich werden. Deshalb solltest du hier von einem Zahlenstrich sprechen.

Addieren

- Diese Rechenart nennt man auch „Plusrechnung“. Hier muss du Zahlen zusammenzählen (addieren).
- Um deine Rechnung zu kontrollieren, kannst du die Subtraktion anwenden. Das ist die Umkehraufgabe. Beispiel:

  318 + 245 = 563 denn 563 − 245 = 318

- Wenn du mehrere Zahlen addieren sollst, kannst du dir die Arbeit manchmal erleichtern, indem du die Zahlen vertauschst. Beispiel:

  36 + 159 + 104 = 36 + 104 + 159 = 299

Subtrahieren

- Diese Rechenart nennt man auch „Minusrechnung". Hier musst du Zahlen voneinander abziehen (subtrahieren).

- Bei der schriftlichen Subtraktion gibt es verschiedene Verfahren:

Möglichkeit 1:
Du ergänzt nacheinander, von rechts nach links, Stelle für Stelle, von deiner unteren Zahl zur oberen. Musst du dir zum Ergänzen eine Stelle „leihen", schreibe dir die „geliehene" Stelle als Übertrag auf die Linie unter der nächsthöheren Stelle. Dann addierst du sie zur unteren Zahl dieser Stelle hinzu, und ergänzt weiter.

Möglichkeit 2:
Du ziehst stellenweise jeweils die untere Zahl von der oberen ab. Ist z.B. bei einer Stelle deiner unteren Zahl die Ziffer größer als bei deiner oberen Zahl, musst du dir eine Stelle von der nächstgrößeren „leihen". Die obere Zahl wird nun an der entsprechenden Stelle um 1 verkleinert.

Möglichkeit 1:

```
  345
- 237
   1
-----
  108
```

Möglichkeit 2:

```
   3
  3̸4̸5
- 237
-----
  108
```

Das Ergebnis ist bei beiden Verfahren gleich.

Multiplizieren

- Diese Rechenart nennt man auch „Malnehmen". Hier musst du Zahlen miteinander malnehmen (multiplizieren).
- Das kleine Einmaleins kannst du auch auf Stufenzahlen anwenden. Du musst dabei nur die Anzahl der Nullen berücksichtigen, die zum Ergebnis gehören. Beispiel:

$6 \cdot 8 = 48 \qquad 6 \cdot 80 = 480$

- Du kannst die Zahlen, die du miteinander multiplizierst, auch vertauschen, ohne dass sich das Ergebnis verändert. Beispiel:

$6 \cdot 80 = 80 \cdot 6 = 480$

- Du kannst auch die Zahlenstufe verändern. Dann sieht die Aufgabe so aus:

$60 \cdot 8 = 480$ oder $8 \cdot 60 = 480$

Dividieren

- Diese Rechenart nennt man auch „Teilen". Die Umkehroperation, mit der du deine Ergebnisse überprüfen kannst, ist die Multiplikation.
- Beim halbschriftlichen Dividieren zerlegst du die Zahl, durch die geteilt wird, so, dass sie glatt teilbar ist. Dann dividierst du in mehreren Schritten, und addierst zum Schluss deine Zwischenergebnisse. Beispiel:

$413 : 7 = 59$
$350 : 7 = 50$ denn $50 \cdot 7 = 350$
$63 : 7 = 9$ denn $9 \cdot 7 = 63$

Umwandeln

Größen haben verschiedene Einheiten. So unterscheidet man z.B. bei Geld Euro (€) und Cent (ct) oder bei Längen Meter (m), Zentimeter (cm) und Millimeter (mm). Wandle beim Rechnen alle Angaben in eine Einheit um. So vermeidest du Rechenfehler. Beispiel:

8 € 24 ct − 129 ct = ?

Umwandlungsmöglichkeit 1:
824 ct − 129 ct = 695 ct

Umwandlungsmöglichkeit 2:
8 € 24 ct − 1 € 29 ct = 6 € 95 ct

Umwandlungsmöglichkeit 3:
8,24 € − 1,29 € = 6,95 €

Rechnen mit Geldbeträgen

- Bei Geldbeträgen ist dir die Kommaschreibweise schon geläufig. Das Komma trennt Euro von Cent.

  1 € = 100 ct

  99 ct < 1 €. Also schreibt man mit Komma: 0,99 €

- Wenn du dir den Umgang mit Kommazahlen besonders deutlich machen willst, fertige dir eine Stellenwerttafel an, in die du die Beträge „einsortieren" kannst.

- 7,95 € sehen in der Stellenwerttafel so aus:

10 €	1 €	10 ct	1 ct
	7	9	5
	0	9	9
	1	0	0

Komma

- Wenn du ohne Komma rechnen möchtest, wandle die Beträge alle in ct um. Das Ergebnis kannst du je nach Aufgabenstellung dann wieder zur Kommazahl oder auch als Betrag mit € und ct zurückumwandeln.

Rechnen mit Längen

1 m = 100 cm **1 cm = 10 mm**

- Meterangaben sind dir schon oft als Kommazahlen begegnet. Wenn ein Kind nach seiner Größe gefragt wird, wird es z.B. sagen: „1 Meter 32". Diese Angabe schreibt man als 1,32 m auf.
- Wie bei Geldbeträgen trennt das Komma hier Meter von Zentimetern.
- Du kannst dieselbe Stellenwerttafel wie für die Geldwerte benutzen, wenn du in der Überschrift die Bezeichnung € durch m und die Bezeichnung ct durch cm ersetzt.

Rechnen mit Gewichten

1 kg = 1 000 g

- Hier ist die Umwandlungszahl 1 000. Wenn du also z. B. 22 g bis zu 1 kg ergänzen sollst, musst du bis 1 000 ergänzen. Das wären dann noch 978 g.
- Die Stellenwerttafel sieht hier nun anders aus als die für Geld und Längen. Hier siehst du die Gewichte eines Briefes zu 20 g und eines Graupapageien zu 415 g:

100 kg	100 g	10 g	1 g
0	0	2	0
0	4	1	5

- Auf Verpackungen findest du manchmal auch z. B. $\frac{1}{2}$ kg als Angabe.

  $\frac{1}{2}$ kg = 500 g; $\frac{1}{4}$ kg = 250 g

- Sehr große Gewichte misst man in Tonnen (t).

  1 t = 1 000 kg

Ein mittelgroßes Auto wiegt ungefähr 1 t und 200 kg. Ein Elefant kann 5 t wiegen.

Rechnen mit Zeit

- Die Abkürzung für Stunde ist h, für Minute min und für Sekunde s.

  1 Tag = 24 h **1 h = 60 min** **1 min = 60 s**

- Stellt man Uhrzeiten schriftlich dar, so trennt ein Punkt die Stunden von den Minuten: 15.10 Uhr.
- Beim Berechnen von Zeitspannen hilft ein Rechenstrich.

  Beispiel: Wie viele Stunden und Minuten liegen zwischen 1.35 Uhr und 4.48 Uhr?

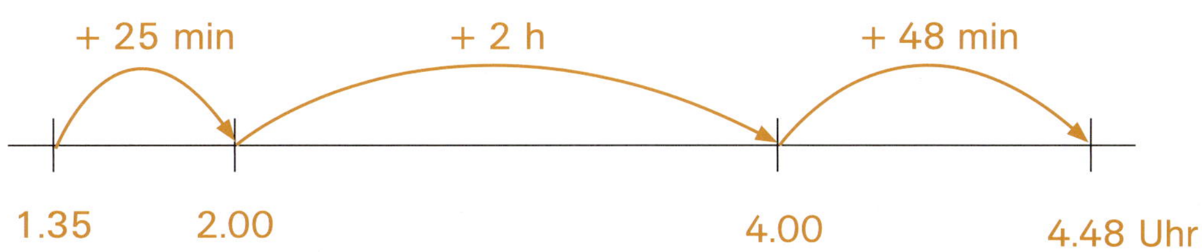

25 min + 48 min = 73 min = 1 h 13 min; 1h 13 min + 2 h = 3 h 13 min

Fragen und Antworten formulieren

– Wenn zu einer Textaufgabe keine Frage vorgegeben ist,
✔ schreibe dir die Zahlen- und Größenangaben heraus, und
✔ betrachte Bilder oder Diagramme, wenn es welche gibt.

Stell dir nun die Situation, die in der Aufgabe beschrieben wird, vor, und formuliere dann eine passende Frage, die du mithilfe der Zahlen, Größen und Bilder lösen könntest.

– In deiner Frage sollte die gesuchte Größe vorkommen.
  Beispiel: Wie viel € muss Vater bezahlen?

– Benutze zur Antwort Wörter aus der Frage, wobei du das Fragewort natürlich durch das Ergebnis ersetzen musst.
  Beispiel: Vater muss 27 € bezahlen.

Lies jeden Text genau!

Ganz kurze Texte können dich leicht verleiten, sie nur kurz zu überfliegen, um dich schnell den „schwierigen" Aufgaben widmen zu können. Aber Vorsicht! Wenn du ein Schlüsselwort überliest, wird aus der vermeintlich leichten Aufgabe plötzlich eine falsch gelöste. Lies daher jeden Text sehr genau, um ganz sicher zu sein, dass du ihn auch verstanden hast.

Schlüsselwörter

Achte beim Lesen auf Schlüsselwörter. Sie verraten dir, welche Rechenart zur Lösung führt. Solche Wörter können z.B. sein: hinzufügen, Summe, insgesamt für die Addition; leihen, wegnehmen, abziehen für die Subtraktion; viermal, das Dreifache, das Doppelte für die Multiplikation und der sechste Teil, aufteilen, verteilen, die Hälfte für die Division.

Tabellen

– Tabellen können dir den Weg zur Lösung sehr erleichtern, wenn du sie geschickt einsetzt. Dabei sollstest du jeden Rechenschritt, den du zu einem Wert vornimmst, auch beim dazugehörigen Wert durchführen.
  Beispiel: 6 Nelken kosten 4,20 €. Wie viel kostet ein Strauß mit 9 Nelken?

Anzahl der Nelken	6	3	9
Preis (€)	4,20	2,10	6,30

Spalte 1: 6 Nelken kosten 4,20 €
Spalte 2: die Hälfte der Nelken (3) kostet die Hälfte (2,10 €)
Spalte 3: Nelken aus Spalte 1 + Nelken aus Spalte 2
= Nelken in Spalte 3
Preis aus Spalte 1 + Preis aus Spalte 2 = Preis in Spalte 3

Komplexe Textaufgaben

- Die Schlüsselwörter verraten dir, welche Rechenarten verlangt sind. Beachte, dass manche Aufgaben mehrere Rechenschritte zur Lösung benötigen. Arbeite schrittweise, indem du den Aufgabentext in sinnvolle Teile aufteilst und Teillösungen erstellst, die du am Ende zusammenfügst.

  Beispiel: Hanna hat in einer Tüte 29 Bonbons. 5 schenkt sie ihrer besten Freundin. Den Rest teilt sie mit ihrer Schwester. Wie viele Bonbons hat Hanna am Ende noch?

  1. Teil: Das Schlüsselwort schenkt deutet auf die Rechenart Subtrahieren hin.
  29 Bonbons – 5 Bonbons = 24 Bonbons

  2. Teil: Das Schlüsselwort teilt deutet auf die Rechenart Dividieren hin.
  24 Bonbons : 2 = 12 Bonbons

Kontrolliere deine Lösungen!

Wenn du frühzeitig mit deiner Arbeit fertig geworden bist, kontrolliere deine Aufgaben noch einmal durch Nachrechnen, mithilfe der Umkehraufgaben oder durch Überschlagsrechnungen.

Achte auf die Größenbezeichnung!

Wird in der Frage zu einer Textaufgabe eine bestimmte Größenbezeichnung verlangt, so denke bei deiner Antwort an das Umrechnen, wenn es nötig ist.

Beispiel: Ein Glas Limo kostet auf dem Schulfest 45 Cent. Paul hat nach 5 Minuten schon 7 Limos verkauft. Wie viel Euro hat er eingenommen?

Wenn du rechnest 45 ct · 5 = 225 ct, dann musst du den Betrag noch in Euro umwandeln, um die Frage korrekt zu beantworten: 225 ct = 2,25 €

Skizzen

Manchmal ist schwierig, sich eine Situation vorzustellen. Dann kann dir eine Skizze helfen. Lies den Aufgabentext durch, und versuche dabei die wichtigsten Angaben in einer Zeichnung unterzubringen. Besonders gut eignen sich Skizzen für die Berechnung von Zeitspannen. Hier zeichnest du einen Rechenstrich, auf dem du alle Zeitangaben aus dem Text einträgst.

Beispiel: Es ist 15.10 Uhr. In einer Viertelstunde beginnt Ingos Lieblingssendung. Sie dauert 35 Minuten. Wann ist die Sendung zu Ende?

Skizze:

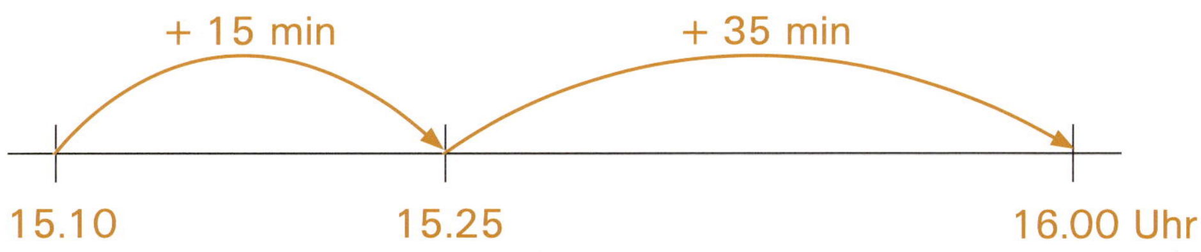

Flächen

- Wenn du Flächen mit vorgegebenen Figuren ausfüllen sollst, musst du sehr genau zeichnen und die Rechenkästchen als Zeichenhilfe benutzen.
- Wenn die vorgegebenen Figuren nicht in der richtigen Lage dargestellt sind, musst du dir verschiedene Lagen der Figur vorstellen oder durch Drehung deines Arbeitblattes die Lage erkennen. Beispiel: Welche Figur passt in die Lücke?

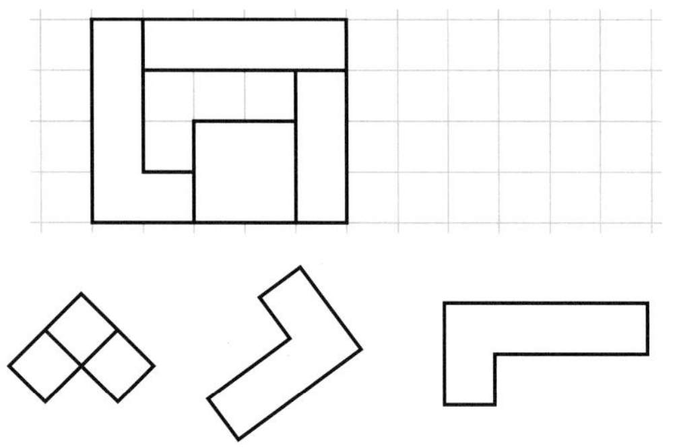

Symmetrie (Achsenspiegelung)

- Beim Spiegeln einer Figur an einer Symmetrieachse achte darauf, dass jeder Spiegelpunkt den gleichen Abstand zum Originalpunkt hat. Rechenkästchen helfen dir bei der Orientierung.
- Überprüfe jeden Punkt deiner gespiegelten Figur noch einmal. Halte dazu dein Arbeitsblatt etwas weiter von dir weg. Du kannst auch einen Taschenspiegel zur Kontrolle verwenden.
- Wenn du zwischen zwei symmetrischen Figuren die Symmetrieachse einzeichnen sollst, überprüfe dein Ergebnis, indem du die Abstände der Originalpunkte mit denen der Spiegelpunkte vergleichst (z. B. indem du Kästchen abzählst). Beispiel:

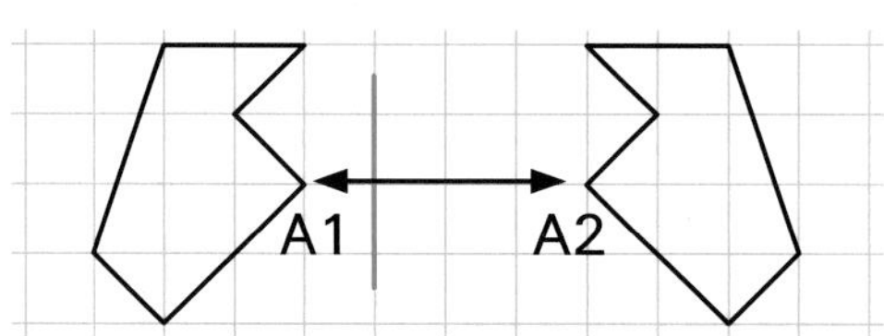

Die Symmetrieachse ist hier falsch eingezeichnet, denn der Abstand von Punkt A1 ist kleiner als der von Punkt A2.

Pläne und Perspektiven

- Auf Plänen und Straßenkarten orientierst du dich an den Richtungen oben, unten, links und rechts oder an den Himmelsrichtungen Nord, Süd, Ost und West.
- Präge dir einen Weg ein, indem du dir die Richtungsangaben einprägst (z. B.: zuerst nach Norden, dann nach Westen, dann nach Norden, dann nach Osten). In diesem Fall solltest du die Karte oder den Plan nicht drehen, da du sonst andere Richtungen erhältst.
- Wenn du z. B. ein Gebäude aus verschiedenen Perspektiven (von verschiedenen Seiten) aus betrachten sollst, präge dir einen markanten Punkt ein, und versuche ihn auf jeder Darstellung wiederzuerkennen. Beispiel:

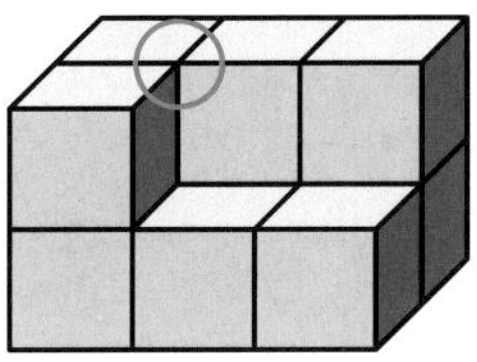

von vorn

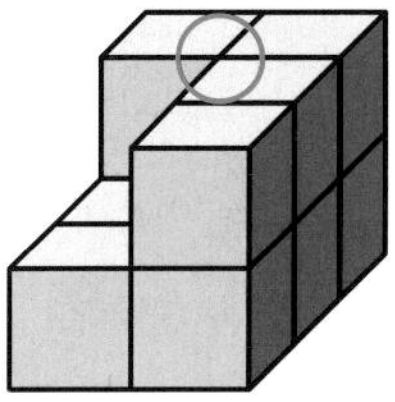

von der rechten Seite betrachtet

Würfelgebäude

- Ist ein Würfel perspektivisch dargestellt, sind stets drei Seiten erkennbar. Die anderen drei Seiten sind verdeckt. Diese musst du dir vorstellen.
- Wenn mehrere Würfel ein Würfelgebäude bilden, musst du auch die „unsichtbaren Würfel“ mitzählen.

Beispiel:

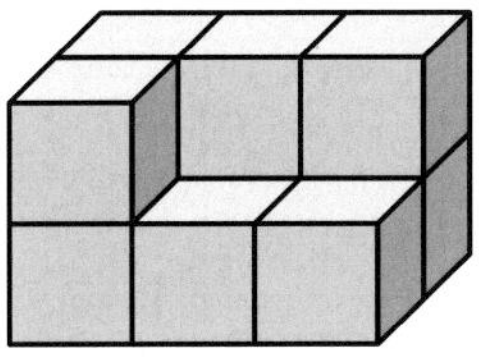

Dieses Gebäude enthält 10 Würfel. Du kannst allerdings nur 8 sehen. Zwei sind verdeckt. Du musst sie dir vorstellen.

Muster

Um ein Muster fortzuführen, musst du erkennen, nach welcher Regelmäßigkeit es aufgebaut ist. Suche die Formen, aus denen es besteht, und zeichne sie sorgfältig nach. Oft musst du Flächen abwechselnd ausmalen.
Beispiel:

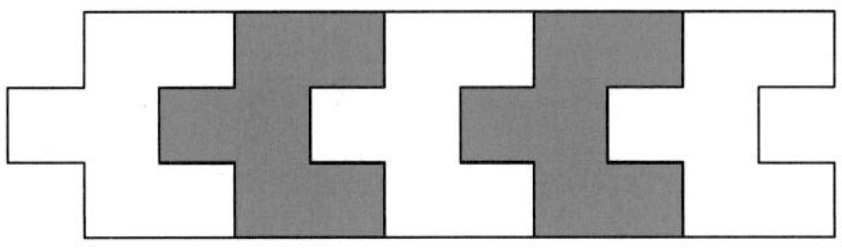

Mein Klassenarbeitsplan

Kreuze an, wenn du mit deinem Ergebnis nicht zufrieden warst und den Test wiederholen möchtest.

Fülle diese Felder aus, wenn du die Klassenarbeit bearbeitet hast.

Trage hier deine Note ein.

Klassenarbeit	erledigt am (Datum)	kontrolliert	meine Note	will ich wiederholen
Beispiel	28.03.2008	✔	3	X
Arithmetik				
Zahldarstellungen (S. 17/18)				
Zahlenstrahl und Orientierungsübungen (S. 19/20)				
Addition und Subtraktion (S. 21/22)				
Multiplikation und Division (S. 23/24)				
Zahlenfolgen und Knobeleien (S. 25/26)				
vermischte Aufgaben (S. 27/28)				
Rechnen mit Größen				
Darstellung von Geldbeträgen (S. 29/30)				
Umgang mit Geld (S. 31/32)				
Umgang mit Längen (S. 33/34)				
Umgang mit Gewichten (S. 35/36)				
Umgang mit der Zeit (S. 37/38)				
vermischte Aufgaben (S. 39/40)				
Textaufgaben				
Umgang mit Texten (S. 41/42)				
Umgang mit Texten (S. 43/44)				
einfache Textaufgaben (Größen; S. 45/46)				
einfache Textaufgaben (Grundrechenarten; S. 47/48)				
komplexe Textaufgaben (S. 49/50)				
vermischte Aufgaben (S. 51/52)				
Geometrie				
Klassenarbeit: Symmetrie (S. 53/54)				
Klassenarbeit: Parkette (S. 55/56)				
Klassenarbeit: Würfelgebilde (S. 57/58)				
Klassenarbeit: Pläne und Perspektiven (S. 59/60)				
Klassenarbeit: Würfelnetze und Muster (S. 61/62)				
Klassenarbeit: vermischte Aufgaben (S. 63/64)				

Auf dieser Seite kannst du deine persönliche Leistungskurve erstellen und damit genauer sehen, wo deine Stärken und Schwächen liegen. Male die Kreise für die Noten, die du in den einzelnen Klassenarbeiten bekommen hast, farbig aus. Verbinde dann diese Kreise, und die Kurve wird sichtbar.

Beispiel für eine Leistungskurve

Note	Seite 29/30	Seite 31/32	Seite 33/34	Seite 35/36	Seite 37/38	Seite 39/40
1	○	○	○	○	○	○
1,5	○	○	○	●	○	○
2	●	○	○	○	○	●
2,5	○	○	●	○	●	○
3	○	○	○	○	○	○
3,5	○	●	○	○	○	○
4	○	○	○	○	○	○
4,5	○	○	○	○	○	○
5	○	○	○	○	○	○
5,5	○	○	○	○	○	○
6	○	○	○	○	○	○

In den meisten Bundesländern musst du, wenn du auf das Gymnasium kommen möchtest, in Deutsch und Mathematik eine Durchschnittsnote von 2,5 oder noch besser haben. Überprüfe, wie du in diesen Fächern stehst und wo du noch üben musst, wenn das Gymnasium dein Ziel ist.

Klassenarbeiten Arithmetik

Note	Seite 17/18	Seite 19/20	Seite 21/22	Seite 23/24	Seite 25/26	Seite 27/28
1	○	○	○	○	○	○
1,5	○	○	○	○	○	○
2	○	○	○	○	○	○
2,5	○	○	○	○	○	○
3	○	○	○	○	○	○
3,5	○	○	○	○	○	○
4	○	○	○	○	○	○
4,5	○	○	○	○	○	○
5	○	○	○	○	○	○
5,5	○	○	○	○	○	○
6	○	○	○	○	○	○

Erstelle auch deine Leistungskurve für die Klassenarbeiten Rechnen mit Größen, Textaufgaben und Geometrie! →

Klassenarbeiten Rechnen mit Größen

Note	Seite 29/30	Seite 31/32	Seite 33/34	Seite 35/36	Seite 37/38	Seite 39/40
1	○	○	○	○	○	○
1,5	○	○	○	○	○	○
2	○	○	○	○	○	○
2,5	○	○	○	○	○	○
3	○	○	○	○	○	○
3,5	○	○	○	○	○	○
4	○	○	○	○	○	○
4,5	○	○	○	○	○	○
5	○	○	○	○	○	○
5,5	○	○	○	○	○	○
6	○	○	○	○	○	○

Klassenarbeiten Textaufgaben

Note	Seite 41/42	Seite 43/44	Seite 45/46	Seite 47/48	Seite 49/50	Seite 51/52
1	○	○	○	○	○	○
1,5	○	○	○	○	○	○
2	○	○	○	○	○	○
2,5	○	○	○	○	○	○
3	○	○	○	○	○	○
3,5	○	○	○	○	○	○
4	○	○	○	○	○	○
4,5	○	○	○	○	○	○
5	○	○	○	○	○	○
5,5	○	○	○	○	○	○
6	○	○	○	○	○	○

Klassenarbeiten Geometrie

Note	Seite 53/54	Seite 55/56	Seite 57/58	Seite 59/60	Seite 61/62	Seite 63/64
1	○	○	○	○	○	○
1,5	○	○	○	○	○	○
2	○	○	○	○	○	○
2,5	○	○	○	○	○	○
3	○	○	○	○	○	○
3,5	○	○	○	○	○	○
4	○	○	○	○	○	○
4,5	○	○	○	○	○	○
5	○	○	○	○	○	○
5,5	○	○	○	○	○	○
6	○	○	○	○	○	○

Name:	Klasse:	Datum:

1 Sieh dir die markierten Felder an, und schreibe die dazugehörigen Zahlen auf.

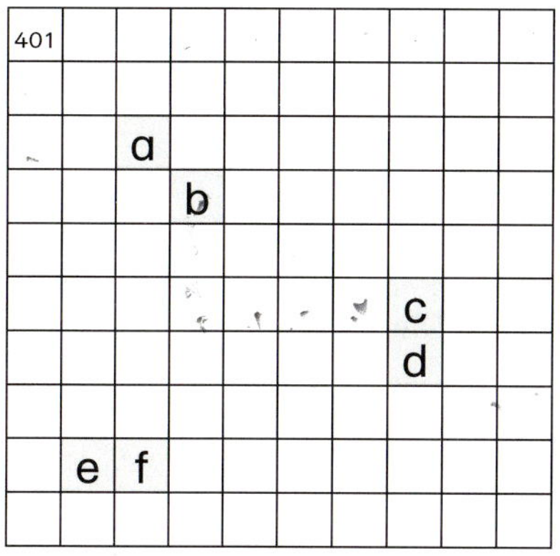

a = 423
b = 434
c = 458
d = 468
e = 482
f = 483

6 P.

2 Sortiere die folgenden Zahlen mit Pfeilen in die Hunderterfelder ein.

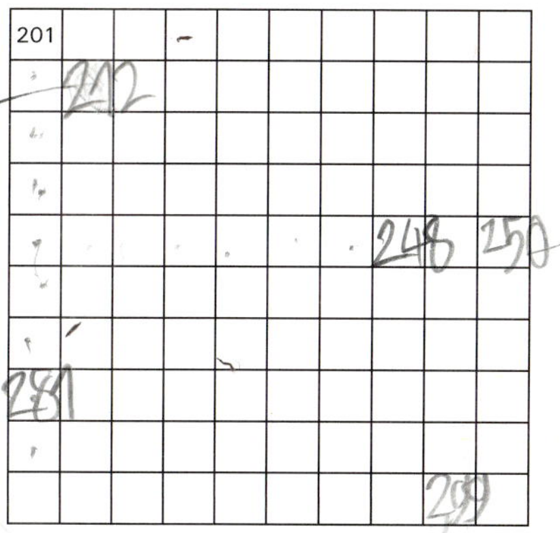

612	648
248	250
299	699
650	212
281	681

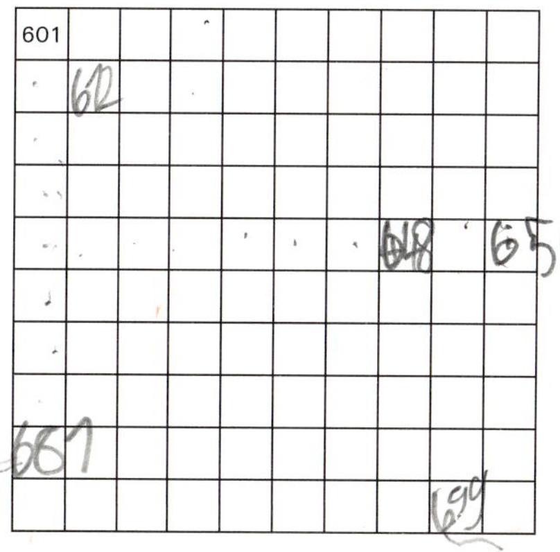

10 P.

3 a) Welche Zahlen passen in das Hunderterfeld? Zeichne Pfeile.

achthundertvierzig

achthunderteins

achthundert

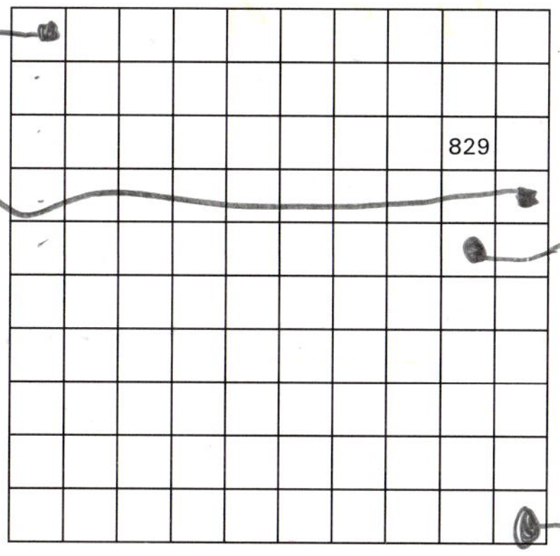

achthundertneunundvierzig

neunhunderteins

neunhundert

b) Schreibe die Zahlwörter aus Aufgabe a) als Ziffern der Größe nach auf. Beginne mit der kleinsten.

800 < 801 < 840 < 849 < 900 < 901

11 P.

4 a) Welche der Zahlen sind als Zahlbild dargestellt? Ordne mit Pfeilen zu.

- sechshundertneun
- neunhundertsechsundsechzig
- achtundsiebzig
- vierhundertzweiunddreißig
- dreihundertvierundzwanzig

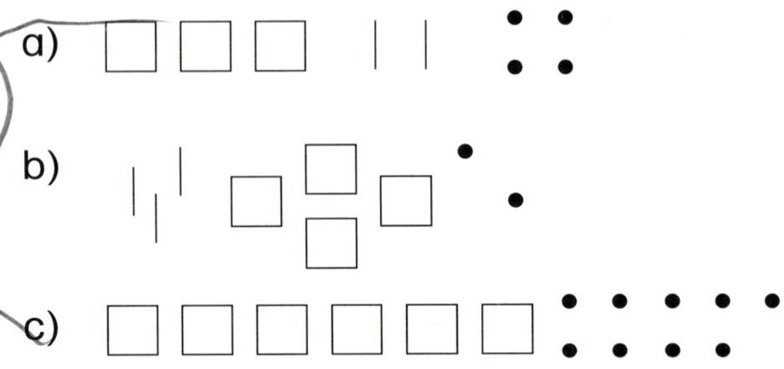

b) Stelle die restlichen Zahlen als Zahlbilder dar.

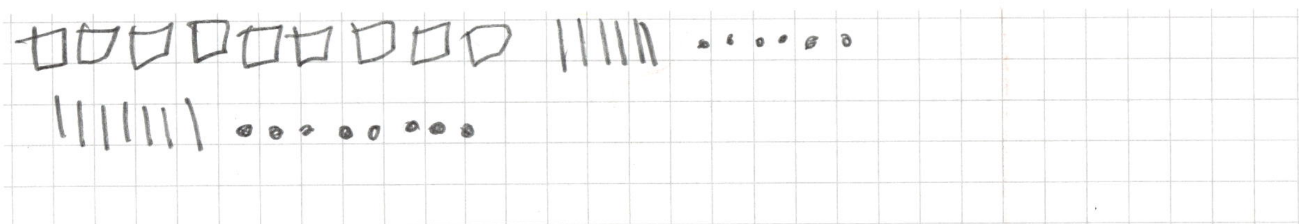

5 P.

5 a) Trage die Zahlbilder mit Ziffern in die Stellenwerttafel ein, und schreibe die Zahl.

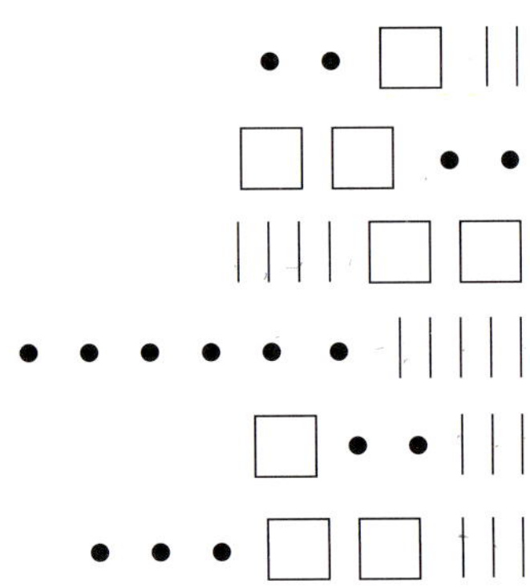

H	Z	E	Zahl
1	2	2	122
2	0	2	202
2	4	0	240
0	5	6	56
1	3	2	132
2	3	3	233

b) Wie viele Hunderter, Zehner und Einer sind es zusammen? Stelle die Summe als Zahlbild dar, und schreibe die Zahl.

8 P.

In dieser Klassenarbeit habe ich ☐ Punkte von insgesamt 40 Punkten erreicht.

Das entspricht der Note ☐. (Schau in den Lösungen auf Seite 19 nach).

Name:	Klasse:	Datum:

1 Markiere die ungefähre Position der folgenden Zahlen mit Pfeilen auf dem Zahlenstrahl.

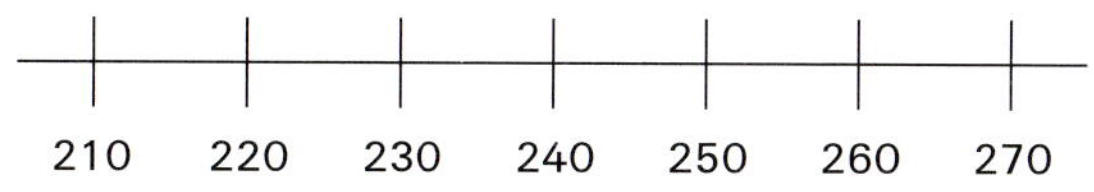

242 | 256 | 259 | 211 | 213 | 271 | 233 | 265

8 P.

2 Ergänze die fehlenden Zahlen am Zahlenstrahl.

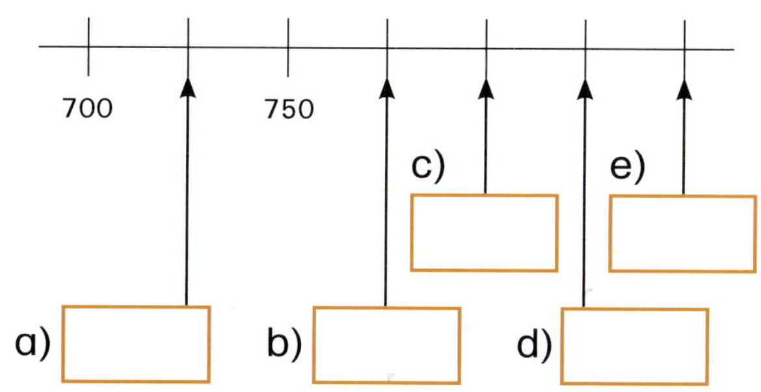

5 P.

3 Welche Zahlen passen nicht in den Bereich des folgenden Zahlenstrahls? Streiche sie durch.

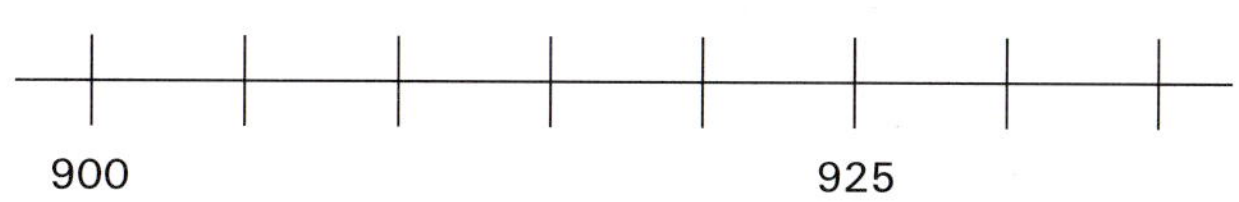

a) 933 b) 875 c) 945 d) 917

2 P.

4 Schreibe die fehlenden Zahlen in die Kästchen.

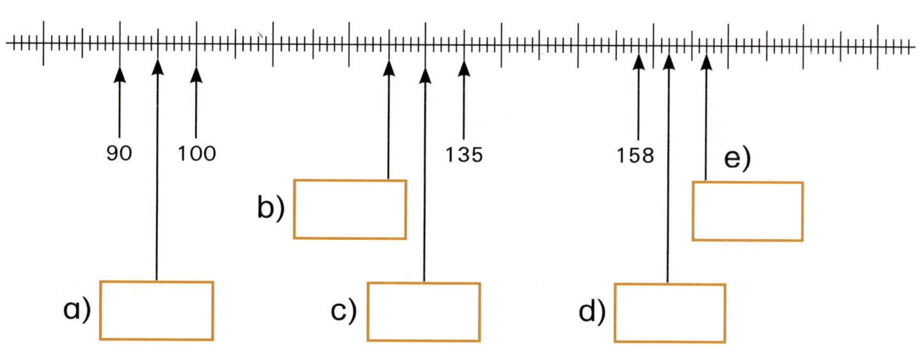

5 P.

5 Welche Zahlen aus dem Bereich dieser Hundertertafel haben die Quersumme 7? Schreibe sie auf die Linien, und markiere anschließend die dazugehörigen Felder farbig.

______

______

______

______

______

______

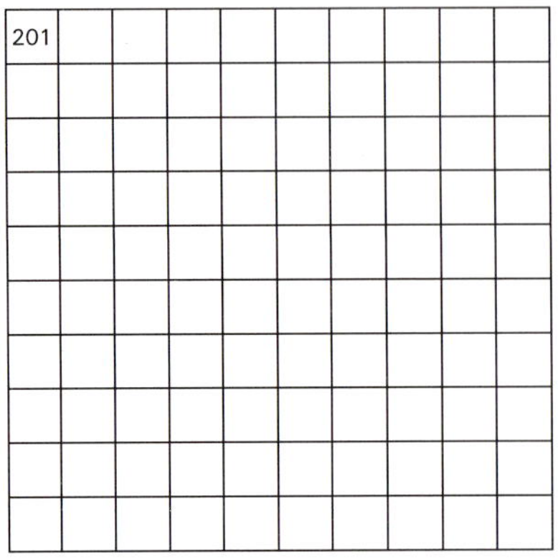

6 P.

6 Welche 4 Felder bilden mit den markierten Feldern aus Aufgabe 5 die Form eines Daches? Markiere sie farbig, und schreibe die dazugehörigen Zahlen auf die Linie.

____

4 P.

7 Führe das Schneckenmuster um 5 weitere Felder nach rechts fort, und umrande sie. Finde dann die Zahlen zu allen umrandeten Feldern, und schreibe sie auf die Linien.

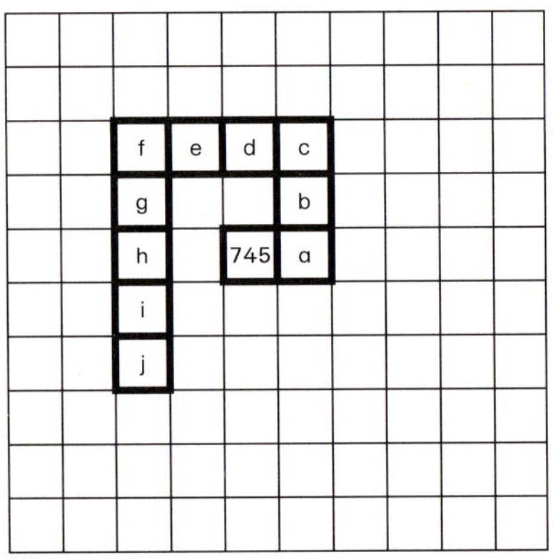

a) ______ f) ______ k) ______

b) ______ g) ______ l) ______

c) ______ h) ______ m) ______

d) ______ i) ______ n) ______

e) ______ j) ______ o) ______

15 P.

8 Ergänze zum nächsten Hunderter.

a) 401 + ______ = ______ c) ______ + 83 = ______

b) 779 + ______ = ______ d) ______ + 27 = ______

4 P.

In dieser Klassenarbeit habe ich ☐ Punkte von insgesamt 49 Punkten erreicht.

Das entspricht der Note ☐. (Schau in den Lösungen auf Seite 20 nach).

Name:	Klasse:	Datum:

1 Ordne die 5 Ziffern immer zu einer dreistelligen und einer zweistelligen Zahl an, sodass die Summe dieser beiden Zahlen 456 ergibt.

0 | 3 | 6 | 7 | 8

4 P.

2 Führe die Päckchen nach dem vorgegebenem Muster fort.

$$\begin{array}{r} 123 \\ +\ 79 \\ \hline \end{array} \rightarrow \begin{array}{r} \\ +\ 79 \\ \hline \end{array} \rightarrow \begin{array}{r} \\ +\ 79 \\ \hline \end{array} \rightarrow \begin{array}{r} \\ +\ 79 \\ \hline \end{array} \rightarrow$$

$$\begin{array}{r} \\ +\ 79 \\ \hline \end{array} \rightarrow \begin{array}{r} \\ +\ 79 \\ \hline \end{array} \rightarrow \begin{array}{r} \\ +\ 79 \\ \hline \end{array}$$

7 P.

3 Fülle die Lücken aus. Ergänze auch die Überträge, falls nötig.

a) $\begin{array}{r} 599 \\ +\ 3\ \ \\ {}_{1\ 1}\ \ \\ \hline 635 \end{array}$ b) $\begin{array}{r} 599 \\ +\ \ \ \ \\ \hline 735 \end{array}$ c) $\begin{array}{r} 599 \\ +\ \ \ \ \\ \hline 639 \end{array}$ d) $\begin{array}{r} 599 \\ +\ \ \ \ \\ \hline 749 \end{array}$ e) $\begin{array}{r} 599 \\ +\ \ \ \ \\ \hline 845 \end{array}$

5 P.

4 Ordne den Aufgaben die passenden Überschläge zu, und trage die richtigen Buchstaben in die Kästchen ein. Addiere dann genau, und notiere die Ergebnisse.

☐ 200 + 500 ☐ 300 + 400 ☐ 600 + 100 ☐ 500 + 300

a) 587 + 104 = ______ c) 293 + 399 = ______

b) 207 + 511 = ______ d) 506 + 288 = ______

8 P.

5 Subtrahiere schriftlich.

a) 346 − 223 = ______ c) 721 − 410 = ______ e) 266 − 179 = ______

b) 566 − 333 = ______ d) 546 − 257 = ______ f) 721 − 69 = ______

6 P.

6 Subtrahiere vom Ergebnis immer die Zahl 145.

	9	2	7
−	1	4	5

→ − ____ → − ____ → − ____ →

− ____ → − ____ → − ____

6 P.

7 Bilde mit den Ziffernkarten die größtmögliche dreistellige Zahl. Subtrahiere davon alle weiteren dreistelligen Zahlen, die du mit den restlichen Ziffernkarten bilden kannst.

1 2 3 5 7 9

6 P.

8 Ergänze die fehlenden Ziffern. Denke auch an die Überträge.

a)

		2	7
−	3	0	5
	2	2	2

b)

	3	4	7
−		6	1
	1	8	6

c)

	4	8	0
−	2		3
	2	7	7

d)

	3		9
−	1	2	9
	1	8	0

4 P.

In dieser Klassenarbeit habe ich ☐ Punkte von insgesamt 46 Punkten erreicht.

Das entspricht der Note ☐. (Schau in den Lösungen auf Seite 21 nach).

Name:	Klasse:	Datum:

1 Rechne im Kopf.

a) $4 \cdot 12 =$ ______ b) $8 \cdot 12 =$ ______ c) $3 \cdot 12 =$ ______ d) $6 \cdot 12 =$ ______

4 P.

2 Rechne im Kopf.

a) $24 : 12 =$ ______ b) $60 : 12 =$ ______ c) $72 : 12 =$ ______ d) $120 : 12 =$ ______

4 P.

3 Rechne, und fülle die Kästchen richtig aus.

a) 3 —(· 4)→ ☐ —(· 2)→ ☐ —(: 8)→ ☐

b) 7 —(· ☐)→ 28 —(· ☐)→ 56 —(: ☐)→ 7

c) 5 —(· ☐)→ 10 —(· ☐)→ 40 —(: 8)→ ☐

3 P.

4 Rechne halbschriftlich.

a) $7 \cdot 107 =$ ______ c) $6 \cdot 125 =$ ______ e) $4 \cdot 215 =$ ______

b) $8 \cdot 94 =$ ______ d) $3 \cdot 287 =$ ______ f) $5 \cdot 172 =$ ______

6 P.

5 Rechne halbschriftlich.

a) $328 \cdot 3 =$ ______ b) $246 \cdot 4 =$ ______ c) $164 \cdot 6 =$ ______

3 P.

6 Rechne von den Zwillingsaufgaben die erste halbschriftlich. Notiere das Ergebnis der zweiten Aufgabe ohne Rechnung.

a) 623 : 7 = ______
630 : 7 = ______

b) 548 : 4 = ______
548 : 2 = ______

c) 258 : 3 = ______
258 : 6 = ______

	6 P.

7 Bilde mit den Ziffern 3, 5 und 7 alle möglichen dreistelligen Zahlen.
Dividiere jede dieser Zahlen halbschriftlich durch 3.

	6 P.

8 Dividiere die Zahl 759 halbschriftlich durch 3; 4; 5 und 6. Achte auf Reste!

	4 P.

In dieser Klassenarbeit habe ich ☐ Punkte von insgesamt 36 Punkten erreicht.
Das entspricht der Note ☐. (Schau in den Lösungen auf Seite 23 nach).

Name:	Klasse:	Datum:

1 Ergänze die Zahlenfolgen.

a) 15, 18, 21, ____, ____, ____, ____, 36

b) 15, 21, 27, ____, ____, ____, ____, 57

c) 15, 18, 24, 27, ____, ____, ____, 45

d) 15, 21, 24, 30, ____, ____, ____, 48

14 P.

2 Führe die Folgen um 2 weitere Zahlen fort. Finde die Regeln zur Bildung dieser Zahlenfolgen.

a) 7, 14, 28, 56, ____, ____ Regel: Immer das __________.

b) 64, 32, 16, ____, ____ Regel: Immer die __________.

c) 11, 21, 31, ____, ____ Regel: Immer ____ mehr.

d) 103, 100, 97, ____, ____ Regel: Immer ____ weniger.

12 P.

3 Führe die Zahlenfolgen fort. Wende folgende Regel an: Immer das Dreifache.

a) 2, ____, ____, ____, ____

b) 1, ____, ____, ____, ____

c) 3, ____, ____, ____, ____

12 P.

4 Ordne die Regeln den passenden Zahlenfolgen zu. Verbinde mit Pfeilen.

a) abwechselnd 40 mehr und 20 weniger	300, 260, 280, 240, 260, 220
b) abwechselnd 20 weniger und 40 mehr	280, 320, 300, 340, 320, 360
c) abwechselnd 40 weniger und 20 mehr	120, 140, 100, 120, 80, 100
d) abwechselnd 20 mehr und 40 weniger	20, 0, 40, 20, 60, 40

4 P.

5 Setze die passenden Rechenzeichen ein.

a) 17 ___ 2 = 34 c) 17 ___ 2 = 19 e) 125 ___ 5 = 25

b) 17 ___ 2 = 15 d) 250 ___ 2 = 125 f) 25 ___ 2 = 50

6 P.

6 Setze die passenden Rechenzeichen ein.

a) 4 ___ 7 = 30 ___ 2 c) 100 ___ 4 = 5 ___ 5 e) 1 000 ___ 1 = 900 ___ 99

b) 26 ___ 2 = 10 ___ 3 d) 500 ___ 10 = 70 ___ 7 f) 350 ___ 5 = 35 ___ 2

6 P.

7 Streiche jeweils die Zahl, die nicht in die Menge passt.

a) 60 30 10 20 70 51 80 40

b) 46 70 236 16 96 86 106 26 6

2 P.

8 Finde die Fehler, und korrigiere. Schreibe die Aufgaben richtig darunter.

a) 7 · 139 = 930

7 · 100 = 700
7 · 30 = 140
7 · 9 = 63

b) 852 : 4 = 303

800 : 4 = 200
40 : 4 = 10
12 : 4 = 3

4 P.

In dieser Klassenarbeit habe ich ___ Punkte von insgesamt 60 Punkten erreicht.

Das entspricht der Note ___. (Schau in den Lösungen auf Seite 23 nach).

Name:	Klasse:	Datum:

1 a) Welche Symbole gehören zu den unten angegebenen Zahlen? Zeichne sie auf die Schreiblinien, und streiche die verwendeten Symbole durch.

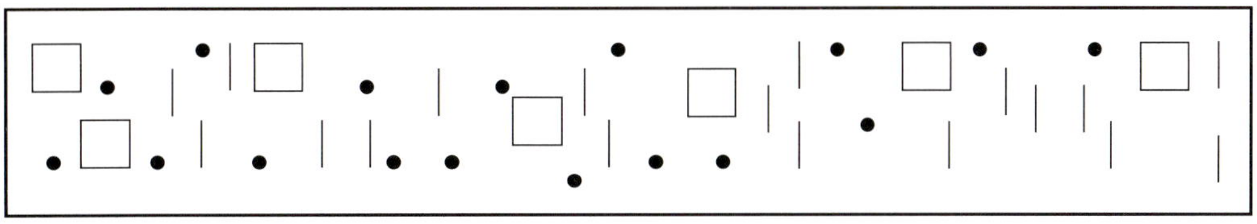

__________ 207 __________ 396 __________ 84

b) Nicht alle Symbole werden in Aufgabe a) verwendet. Welche Zahl stellen die übrigen Symbole dar?

Antwort: Die übrigen Symbole stellen die Zahl ______ dar.

4 P.

2 Welche Zahlen kannst du auf dem Zahlenstrahl einordnen? Verbinde mit Pfeilen.

40 | 80 | 55 | 90 | 35 | 120 | 115 | 65

5 P.

3 a) Welche der folgenden Zahlen sind im Hunderterfeld durch Buchstaben markiert? Trage die entsprechenden Buchstaben in die Kästchen ein.

☐ 413 ☐ 464 ☐ 422

☐ 453 ☐ 434 ☐ 442

☐ 433 ☐ 431 ☐ 436

☐ 404 ☐ 435

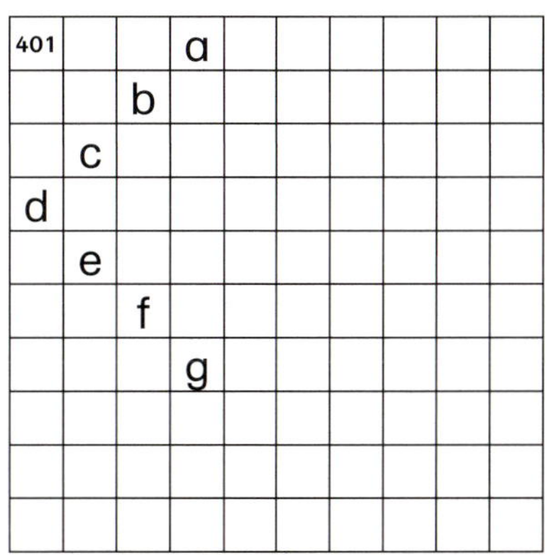

b) Einige Zahlen in Aufgabe a) bleiben übrig. Markiere die Kästchen im Hunderterfeld rot, in die sie gehören.

11 P.

4 Addiere immer zum letzten Ergebnis jeweils 36, bis du einen glatten Hunderter als Ergebnis erhältst.

	2	2	0
+		3	6

5 P.

5 Subtrahiere vom letzten Ergebnis jeweils 48, bis ein glatter Hunderter das Ergebnis ist.

	4	4	0
–		4	8

5 P.

6 Bilde mit den Ziffern 8, 6 und 2 alle möglichen dreistelligen Zahlen, und dividiere sie durch 4. Überprüfe die Aufgaben ohne Rest mit ihrer Umkehraufgabe.

8 P.

7 Führe die Zahlenfolgen nach folgender Regel fort: Addiere 1, dann 2, dann 3 usw.

a) 1, ______ , ______ , ______ , ______

b) 10, ______ , ______ , ______ , ______

c) 100, ______ , ______ , ______ , ______

3 P.

In dieser Klassenarbeit habe ich ☐ Punkte von insgesamt 41 Punkten erreicht.

Das entspricht der Note ☐ . (Schau in den Lösungen auf Seite 24 nach).

Name:	Klasse:	Datum:

1

Trage die folgenden Geldbeträge in die Stellenwerttafel ein:

	1 €	10 ct	1 ct
a) 7 €			
b) 30 ct			
c) 7 ct			
d) 3 € 80 ct			
e) 1 € 26 ct			
f) 354 ct			
g) 2,15 €			

7 P.

2

Ordne zu.

A 

B 

C 

☐ 8,61 € ☐ 6,90 € ☐ 1,68 €

3 P.

3

Sortiere die Geldbeträge in die Stellenwerttafel ein, und schreibe sie als Kommazahl.

a) 

b) 

c) 

d) 

	10 €	1 €	10 ct	1 ct	
a)					______
b)					______
c)					______
d)					______

8 P.

4

Wandle die folgenden Beträge in Kommazahlen um. Rechne im Kopf. Schreibe sie dann der Größe nach sortiert auf die Linien. Beginne mit dem kleinsten Betrag.

745 ct | 2 € 33 ct | 50 ct | 150 ct | 16 € | 804 ct | 18 € 8 ct

______ < ______ < ______ < ______ <

______ < ______ < ______

8 P.

5 Stelle die Beträge mit möglichst wenigen Scheinen und Münzen zusammen.

a) 3,60 € b) 6,54 € c) 24,07 € d) 19,19 €

| | 4 P. |

6 Setze bei den Euro-Beträgen die Kommas richtig ein. Multipliziere halbschriftlich oder im Kopf.

a) 2 € 18 ct = 2 1 8 €

b) 116 € 7 ct = 1 1 6 0 7 €

c) 113 ct = 1 1 3 €

d) 29 ct = 0 2 9 €

| | 4 P. |

7 Verbinde gleiche Beträge mit Linien.

1 € 100 ct 10 € 10 ct 100 € 1 ct

100,01 € 10,10 € 2 €

| | 3 P. |

8 Wie viele Cent sind es jeweils?

a) 1 € 100 ct = _______ ct

b) 10 € = _______ ct

c) 7 € 1 ct = _______ ct

d) 0,17 € = _______ ct

e) 4,04 € = _______ ct

| | 5 P. |

In dieser Klassenarbeit habe ich [ ] Punkte von insgesamt 42 Punkten erreicht.

Das entspricht der Note [ ]. (Schau in den Lösungen auf Seite 25 nach).

Name:	Klasse:	Datum:

1 Verdopple die folgenden Geldbeträge.

a) 7 € → ____________ d) 4,25 € → ____________

b) 3,50 € → ____________ e) 6,45 € → ____________

c) 2,20 € → ____________ f) 8,80 € → ____________

| | 6 P. |

2 Halbiere die folgenden Geldbeträge.

a) 800 € → __________ d) 450 € → __________

b) 700 € → __________ e) 330 € → __________

c) 640 € → __________

| | 5 P. |

3 Ergänze zu 500 €. Notiere auch die kleinste Menge an Scheinen, die du zum Ergänzen brauchst.

a) 460 € + __________ = 500 € Ich brauche _______ Scheine.

b) 300 € + __________ = 500 € Ich brauche _______ Scheine.

c) 200 € + __________ = 500 € Ich brauche _______ Scheine.

d) 350 € + __________ = 500 € Ich brauche _______ Scheine.

e) 370 € + __________ = 500 € Ich brauche _______ Scheine.

f) 105 € + __________ = 500 € Ich brauche _______ Scheine.

| | 12 P. |

4 Suche jene Beträge heraus, die zusammengerechnet genau 5 € ergeben, und kreise sie ein.

3,80 €	1,10 €	6,25 €	2,40 €	1,25 €	4,80 €	0,25 €

| | 4 P. |

5 Fülle die Tabelle aus.

Eis (Kugel)	1	2	4	8		
Preis (€)	0,70				2,10	4,90

5 P.

6 Multipliziere halbschriftlich oder im Kopf.

a) 2 · 90 ct

b) 5 · 1,24 €

c) 7 · 3,07 €

d) 8 · 96 ct

4 P.

7 Dividiere die Geldbeträge halbschriftlich.

a) 4,08 € : 6 b) 5,22 € : 9

2 P.

8 Wie viel ist das ungefähr? Ordne mit einem Pfeil zu.

a) 87 € + 124 € ≈ b) 55 € + 21 € + 133 € ≈ c) 212 € + 301 € + 45 € ≈

200 € 180 € 250 € 150 € 200 € 240 € 500 € 600 € 550 €

3 P.

In dieser Klassenarbeit habe ich ☐ Punkte von insgesamt 41 Punkten erreicht.

Das entspricht der Note ☐. (Schau in den Lösungen auf Seite 26 nach).

Name:	Klasse:	Datum:

1 Miss die Länge der Strecken, und trage sie der Größe nach geordnet in die Tabelle ein. Beginne mit der kleinsten Strecke.

a) ├──────┤ b) ├──────┤ c) ├──────┤ d) ├──────┤

	cm	mm	nur mm
a)			
b)			
c)			
d)			

9 P.

2 Zeichne Strecken nach den Angaben in der Tabelle. Fülle dann die rechte Spalte der Tabelle aus.

a)

b)

c)

d)

cm	mm	nur mm
3	2	
2	3	
4	5	
6	9	

8 P.

3 Hier siehst du Olafs Schraubenkiste. Miss sie aus, und entscheide: Welche Schrauben passen nicht in die Schachtel? Streiche sie durch.

a) Schraube von 48 mm
b) Schraube von 143 mm
c) Schraube von 59 mm
d) Schraube von 8 cm 3 mm
e) Schraube von 11 cm 5 mm
f) Schraube von 1 cm 8 mm

6 P.

4 Ergänze zu 10 cm.

a) 9 cm + _____ cm = 10 cm

b) 65 mm + _____ mm = 10 cm

c) 4 cm 4 mm + _____ cm _____ mm = 10 cm

d) 8 cm 8 mm + _____ cm _____ mm = 10 cm

4 P.

5 Schreibe als Kommazahl.

a) 2 m 20 cm = ________
c) 3 m 79 cm = ________
b) 4 m 15 cm = ________
d) 3 m 4 cm = ________

4 P.

6 Wandle in Zentimeter um.

a) 2,08 m = ____________
c) 7,20 m = ____________
b) 3 m = ____________
d) 0,35 m = ____________

4 P.

7 Rechne im Kopf.

a) 3,50 m + 6,30 m = ________
a) 7,20 m – 4,30 m = ________
b) 5,30 m + 4,50 m = ________
b) 6,30 m – 3,40 m = ________

4 P.

8 Finde die passenden Maßangaben.

a) Länge eines Schreibtisches: 1,80 ____
c) Marienkäfer: 6 ____
b) Länge eines Schulhauses: 32 ____
d) Strecke Köln-Dresden: 600 ____

4 P.

9 Trage die Angaben in die Stellenwerttafel ein.

a) 9 km 900 m
b) 2 km 250 m
c) 4 km 312 m
d) 7 km 401 m
e) 5 km 22 m
f) 707 m

1 km	100 m	10 m	1 m

6 P.

In dieser Klassenarbeit habe ich ☐ Punkte von insgesamt 49 Punkten erreicht.
Das entspricht der Note ☐. (Schau in den Lösungen auf Seite 27 nach).

Name:	Klasse:	Datum:

1 Trage die folgenden Gewichtsangaben in die Stellenwerttafel ein.

Brief: 20 g
Kugelschreiber: 8 g
Joghurtbecher: 130 g
Trinkglas: 232 g
Spielzeugauto: 41 g
Kaffeekanne: 598 g
Orangensaft: 1 012 g
Handy: 90 g

1 kg	100 g	10 g	1 g

8 P.

2 a) Ordne die folgenden Gewichtsangaben nach der Größe. Beginne mit der kleinsten.

13 kg 400 g | 987 g | 1 001 g | 1 kg 11 g | 7 kg | 700 g

_______ < _______ < _______ <
_______ < _______ < _______

b) Zwei der folgenden Gegenstände passen auf keinen Fall zu den Gewichten aus Aufgabe 2 a). Finde sie, und streiche sie durch.

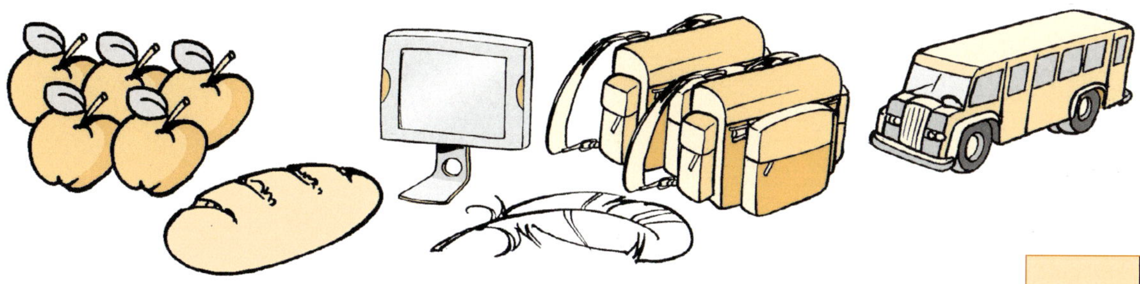

7 P.

3 Ergänze jeweils zur angegebenen Summe.

30 g	444 g	88 g	6 kg	4 g	100 g
+ 2 kg 20 g	+ 14 g	+ 1 g	+ 3 kg 50 g	+ 41 g	+ 13 g
+	+	+	+	+	+
5 kg	1 kg	500 g	10 kg	100 g	250 g

6 P.

4 Mutter kauft $\frac{1}{2}$ kg Brot, 300 g Käse, 1 kg Mehl und $\frac{1}{4}$ kg Butter.
Trage die Angaben in die Stellenwerttafel ein. Rechne dann aus: Wie viel kg und wie viel g wiegen die Sachen zusammen?

1 kg	100 g	10 g	1 g

Die Sachen wiegen zusammen: _______ kg und _______ g.

5 P.

5 a) Welches Gewicht passt zu welcher Abbildung? Ordne mit Pfeilen zu.

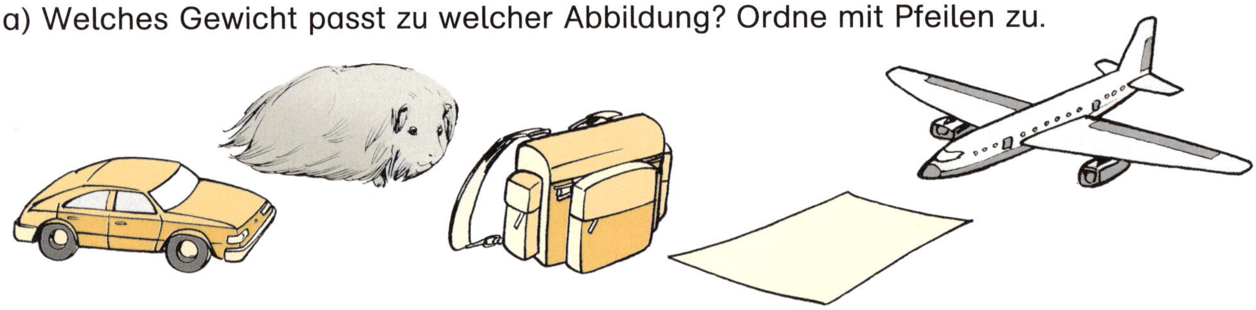

1 000 g | 280 t | 1t 350 kg | 3 kg | 12 g

b) Ordne die Gewichte nun der Größe nach. Beginne mit dem kleinsten.

_______________ < _______________ < _______________ <

_______________ < _______________

6 P.

6 Ergänze g, kg oder t.

Kakaoflasche: 300 _____

halbe Tafel Schokolade: 50 _____

Kasten Wasser: 6 _____

Elefant: 5 _____

4 P.

In dieser Klassenarbeit habe ich [ ] Punkte von insgesamt 36 Punkten erreicht.

Das entspricht der Note [ ]. (Schau in den Lösungen auf Seite 28 nach).

Name:	Klasse:	Datum:

1 Wandle um in Sekunden.

a) 3 min = ________ c) 9 min = ________ e) 8 min = ________

b) 6 min = ________ d) 4 min = ________ f) 12 min = ________

6 P.

2 Wandle um in Minuten.

a) 300 s = ________ b) 420 s = ________ c) 120 s = ________

3 P.

3 Fülle die Tabelle aus.

h und min	min	min bis zur nächsten vollen Stunde
1h 20 min		
	95 min	
0 h 13 min		
	123 min	
2 h 2 min		
	220 min	
2 h 22 min		
	147 min	

16 P.

4 Wandle um in Stunden und Minuten.

a) 600 min = ________ d) 660 min = ________

b) 300 min = ________ e) 330 min = ________

c) 150 min = ________

5 P.

5 Fülle die Tabelle aus.

Strecke (km)	20 km	40 km	100 km
Fahrtzeit (h)	12 min		

2 P.

6 Hier siehst du den Ablauf von Dennis' Vormittag.

a) Wie viel Zeit vergeht für Dennis insgesamt bis zur Frühstückspause?

Zähne putzen:	3 min
zur Schule gehen:	$\frac{1}{4}$ h
auf dem Schulhof auf den Beginn der 1. Stunde warten:	7 min
2 Stunden Unterricht:	1 h 30 min

Frühstückspause! Bis dahin sind es __ h und _____ min

b) Dennis putzt sich um 7.45 Uhr die Zähne. Um wie viel Uhr beginnt die Frühstückspause?

Zeichne einen Rechenstrich:

Antwort: Die Frühstückspause beginnt um _______ Uhr.

9 P.

7 Es ist 6.30 Uhr. Um wie viel Uhr standen oder stehen die folgenden Leute auf?

a) Leon steht in einer Viertelstunde auf. Dann ist es _______ Uhr.

b) Leons Schwester stand vor 6 Minuten auf. Da war es _______ Uhr.

c) Leons Vater stand vor 35 Minuten auf. Da war es _______ Uhr.

d) Leons Mutter stand vor 45 Minuten auf. Da war es _______ Uhr.

e) Leons Hund Struppi wacht gerade auf. Es ist _______ Uhr.

f) Leons Freund steht in 12 Minuten auf. Dann ist es _______ Uhr.

6 P.

In dieser Klassenarbeit habe ich ☐ Punkte von insgesamt 47 Punkten erreicht.
Das entspricht der Note ☐. (Schau in den Lösungen auf Seite 29 nach).

Name:	Klasse:	Datum:

1 Stelle die Beträge mit möglichst wenigen Münzen dar.

a) 413 ct b) 81 ct c) 3 € 9 ct d) 1,27 €

	4 P.

2 Maria hat im Supermarkt genau 10 € ausgegeben. Was hat sie gekauft?

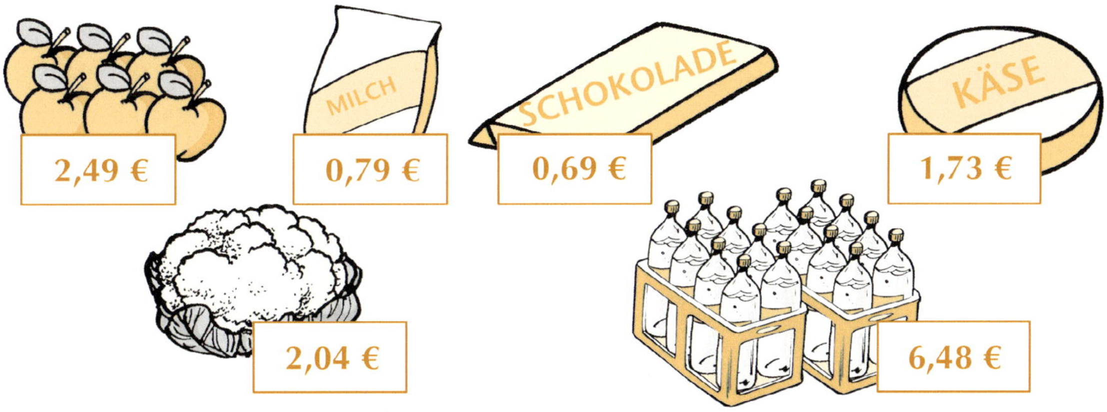

Maria hat folgende Sachen gekauft: ______________________________

____

	5 P.

3 Ergänze zu 10 m.

a) 7 m 42 cm + __________ = 10 m d) 3,18 m + __________ = 10 m

b) 4 m 33 cm + __________ = 10 m e) 48 cm + __________ = 10 m

c) 4,09 m + __________ = 10 m f) 950 cm + __________ = 10 m

	6 P.

Klassenarbeit Rechnen mit Größen: vermischte Aufgaben

4 Trage die Angaben in die Stellenwerttafel ein.

a) 3 km 402 m

b) 1 km 3 m

c) 6 km 31 m

d) 0 km 500 m

1 km	100 m	10 m	1 m

4 P.

5 Finde die passenden Gewichtsangaben. Ordne sie dann nach der Größe.

a) Springseil: 180 _____

b) Fahrrad: 13 _____

c) Lieferwagen: 5 _____

d) Tafel Schokolade: 100 _____

_________ < _________ < _________ < _________

5 P.

6 Der kleine Lkw wiegt leer 7 t. Mit Ladung darf er 9 t und 230 kg wiegen. Welche Paletten darf er laden, um genau das Höchstgewicht zu erhalten? Kreise sie ein.

590 kg | 1t, 210 kg | 1t, 640 kg | 1t, 10 kg

2 P.

7 Katrin nimmt dem Bus um 11.27 Uhr. Die Fahrt dauert 24 min. Zum Museum sind es dann noch 12 min zu Fuß. Um wie viel Uhr kommt Katrin im Museum an?

Zeichne einen Rechenstrich:

Antwort: Katrin kommt um _________ Uhr im Museum an.

3 P.

In dieser Klassenarbeit habe ich [ ] Punkte von insgesamt 29 Punkten erreicht.

Das entspricht der Note [ ]. (Schau in den Lösungen auf Seite 30 nach).

Name:	Klasse:	Datum:

1 Sarah kauft im Supermarkt 2 Becher Joghurt, 1 Salatgurke und 3 Päckchen Butter. Die Kassiererin verlangt 6,81 €. Aber Sarah fällt rechtzeitig auf, dass da ein Fehler passiert sein muss. Was hat die Kassiererin falsch gemacht?

Rechnung:

Antwort: ______________________________

____

5 P.

2 Wähle aus den Textbausteinen die richtigen aus, und setze sie so in die Lücken ein, dass eine sinnvolle Aufgabe entsteht. Löse dann die Aufgabe auf einem Extrablatt.

Gewächshaus	Schullandheim	132	32	Schnee	Wasser	Wochen	Jahre	24	64

Klaus sieht, dass das ______________ eine Lieferung mit _____ Kästen

__________ bekommt. Ein Angestellter sagt: „Das passiert bei uns alle

2 __________ . So erhalten wir pro Monat _____ Kästen".

Wie viele Flaschen sind das im Monat, wenn jeder Kasten 10 Flaschen enthält?

Antwort: ______________________________

7 P.

3 Marie beginnt um 8.15 Uhr mit einer Wanderung. Sie legt insgesamt 8 km und 600 m zurück. Um 10.05 Uhr erreicht sie ihr Ziel. Welche Frage ist sinnvoll? Kreuze sie an, und beantworte sie.

- ☐ Um wie viel Uhr ist Marie aufgestanden?
- ☐ Wie viel Zeit brauchte sie für die Strecke?
- ☐ Um wie viel Uhr macht Marie ihre erste Pause?

Rechnung:

Antwort: ______________________________

6 P.

4 Im Zoo beobachtet Kai 10 Minuten lang eine Gruppe von 16 Affen. Zuerst verschwinden 3 Tiere in einer Höhle. Dann kommen hinter einem Gebüsch 7 neue Affen hervor. Als ein paar Regentropfen fallen, verkriecht sich die Hälfte der für Kai sichtbaren Tiere in der Höhle. Als der Wärter mit der Fütterung beginnt, kommen alle Affen des Geheges hervor.
Kreuze an, welche Fragen du beantworten kannst, und beantworte sie dann.

- ☐ Wie viele Affen gibt es insgesamt im Gehege?
- ☐ Wie viele Affen sieht Kai, kurz bevor es zu regnen beginnt?
- ☐ Wie viele Affen fliehen vor dem Regen?
- ☐ Wie viele Affen hat Kai nicht gesehen, weil sie die ganze Zeit in der Höhle waren?

Rechnungen:

Antworten: ____________________

____

	7 P.

5 Kerstin und Melanie haben zusammen 656 Steckwürfel. 410 davon sind weiß. Die restlichen Würfel sind zur Hälfte gelb und zur Hälfte rot. Die beiden bauen Tiere mit je 5 weißen Steinen und 3 gelben oder 3 roten. Wie viele Tiere können sie bauen?
Setze aus den Wortbausteinen 2 richtige Antworten zusammen.

Tiere mit weißen und gelben Steinen	insgesamt	41	Tiere
82	Tiere mit weißen und roten Steinen	und	41

a) Sie können ____________________ bauen.

b) Sie können ____________________

____________________ bauen.

Überprüfe deine Antworten durch Rechnungen:

	4 P.

In dieser Klassenarbeit habe ich ☐ Punkte von insgesamt 29 Punkten erreicht.
Das entspricht der Note ☐ . (Schau in den Lösungen auf Seite 31 nach).

Name:	Klasse:	Datum:

1 Opa will Lea zweimal ihr Lieblingseis spendieren und dreimal mit ihr ins Schwimmbad gehen. Das Eis kostet 2,10 € und der Eintritt fürs Schwimmbad 2,65 € pro Person. Wie viel Geld muss Opa insgesamt ausgeben?
Unterstreiche die Stellen im Text, die dir Hinweise auf die Rechenarten geben.

Rechnung:

Antwort: ____________________

9 P.

2 Frau Schmitt zählt am Ende des Tages die Einnahmen ihres Blumengeschäfts zusammen. Es sind 4 Scheine zu je 50 €, 5 Scheine zu je 20 €, 10 Scheine zu je 10 €, 7 Scheine zu je 5 €, 28 Stücke zu je 2 € und 17 Stücke zu je 1 €.

a) Unterstreiche die Stellen im Text, die dir Hinweise auf die Rechenarten geben.
b) Finde eine passende Frage, und rechne aus.

Frage: ____________________

Rechnung:

Antwort: ____________________

10 P.

3 Herr Müller misst die Länge eines Baumstammes. Er ist 827 cm lang. Wenn er ihn um 47 cm kürzt und dann halbiert, kann er die Stücke auf seinen kleinen Lkw laden.

a) Unterstreiche die Stellen im Text, die dir Hinweise auf die Rechenarten geben.
b) Wie lang sind die beiden Stücke?

Rechnung:

Antwort: ____________________

____

5 P.

4 Ali baut aus Steckwürfeln Türme. Der erste ist 3 Würfel hoch, der letzte besteht aus 15 Würfeln. Wie viele Türme hat er gebaut, wenn er bei jedem neuen Turm 2 Steine mehr nimmt als beim vorigen? Fertige auf einem Extrablatt eine Skizze an.

Antwort: ______________________________

2 P.

5 Vater kauft Blumen für Mutter. Er wählt 5 Nelken und 3 Rosen aus. Wie viel Euro kostet der Strauß? Arbeite mit den Preistabellen, um zum Ergebnis zu kommen. Du musst nicht alle Spalten benutzen.

Nelken (Stück)	3			
Preis (€)	1,80			

Rosen (Stück)	8			
Preis (€)	11,20			

Antwort: ______________________________

4 P.

6 Nina entdeckt eine unfertige Tabelle. Sie will sie unbedingt fertigstellen.
a) Hilf Nina, und vervollständige die Tabelle.

Holzlatten (m)	**Preis (€)**
0,5	
1	
2	5
3	
	10
5,5	

b) Nachdem sie die Tabelle vervollständigt hat, rechnet Nina alle Längenangaben zusammen. Auf wie viele Meter kommt sie? Rechne auf einem Extrablatt.

Antwort: ______________________________

7 P.

In dieser Klassenarbeit habe ich ☐ Punkte von insgesamt 37 Punkten erreicht.
Das entspricht der Note ☐ . (Schau in den Lösungen auf Seite 32 nach).

Klassenarbeit Textaufgaben: einfache Textaufgaben (Größen)

Name:	Klasse:	Datum:

1 Die Lehrerin kauft für ihre Klasse einige Materialien ein: 8 stabile Lineale zu insgesamt 6,24 €, 10 Bleistifte zu insgesamt 5,40 € und 6 Pinsel zu insgesamt 7,80 €.

a) Wie viel bezahlt die Lehrerin insgesamt?

Rechnung:

Antwort: ______________________________

b) Wie viel kostet jeweils ein Lineal, ein Bleistift und ein Pinsel im Geschäft?

Rechnung:

Antwort: ______________________________

____

6 P.

2 In der Klassenkasse der 3c befinden sich 476 € und 80 ct. Für den Wandertag gibt die Klasse 122 € aus. Danach spendet Frau Schulz etwas Geld für die Klassenkasse. Nun sind genau 360 € in der Kasse. Wie viel Geld hat Frau Schulz gespendet?

Rechnung:

Antwort: ______________________________

____

3 P.

3 Die Kinder der 3a messen die Strecke von ihrem Klassenraum bis zur Turnhalle. 6 m und 20 cm sind es bis zur 1. Zwischentür. Dann geht es 12,30 m durch die Pausenhalle und danach 44 m über den Schulhof bis zum Eingang der Turnhalle. Von dort sind es noch 470 cm bis zur Umkleidekabine. Wie viele Meter sind es zusammen?

Rechnung:

Antwort: ______________________________

____

____

2 P.

4 Silvias Zimmer ist 4,20 m lang und 3,40 m breit. Mit buntem Klebeband teilt sie es einmal längs und einmal quer jeweils genau in der Mitte. Dabei entstehen auf dem Fußboden 4 gleich große Flächen.

a) Wie lang und wie breit sind diese Flächen? Rechne auf einem Extrablatt.

Antwort: ______________________________

b) Wie lang sind die beiden Stücke Klebeband zusammen? Rechne auf einem Extrablatt.

Antwort: ______________________________

____

5 P.

5 Ein kleiner Laster wiegt leer 2 t und 800 kg. Wenn er voll beladen ist, darf er 3 t und 700 kg wiegen. Wie schwer darf die Last sein, die er transportiert?

Rechnung:

Antwort: ______________________________

____

2 P.

6 2 Stunden nach dem Mittagessen geht Achim zum Fußballtraining. Für den Weg braucht er 10 Minuten. Das Training dauert 1 Stunde und geht genau bis 16 Uhr. Um wie viel Uhr hat Achim zu Mittag gegessen? Rechne auf einem Extrablatt am Rechenstrich.

Antwort: ______________________________

4 P.

7 Nora braucht 25 s, um sich die Hände zu waschen. Wenn sie das nur dreimal täglich macht, wie viel Minuten und Sekunden verbringt sie dann mit Händewaschen?

Rechnung:

Antwort: ______________________________

3 P.

In dieser Klassenarbeit habe ich ☐ Punkte von insgesamt 25 Punkten erreicht.

Das entspricht der Note ☐. (Schau in den Lösungen auf Seite 33 nach).

Name:	Klasse:	Datum:

1 Petras Mutter findet eine alte Rechnung für die Reparatur ihrer Waschmaschine. Leider ist der Teil mit der Endsumme abgerissen. Wie viel kostete die Reparatur?

Art	**Einzelpreis**	**Gesamt**
Anfahrt	36,45 €	36,45 €
Arbeitszeit	14,60 € pro Einheit	29,20 €
Material	25,05 €	25,05 €
	Summe:	

Rechnung:

Antwort: ______________________________

2 P.

2 Herr Meier kauft 1 Fernseher für 465,80 € und 1 Fernsehtisch für 89,90 €. Er kauft noch weitere Artikel und zahlt insgesamt 582,15 €. Wie viel haben die anderen Artikel gekostet? Rechne auf einem Extrablatt.

Antwort: ______________________________

3 P.

3 Kira stellt ihrem Bruder ein Rätsel. Sie sagt: Meine Zahl besteht aus 3 aufeinanderfolgenden Ziffern und hat die Quersumme 15. Wenn ich von dieser Zahl 123 abziehe, erhalte ich eine Zahl mit 3 gleichen Ziffern. Welche Zahlen meint Kira?

Rechnung:

Antwort: ______________________________

____

2 P.

4 Zufälligerweise hat Carsten auf dem Sportfest dreimal hintereinander 27,40 m weit geworfen. Wie viele Meter sind das insgesamt?

Rechnung:

Antwort: ______________________________

2 P.

5 Ingo möchte sich eine CD kaufen, die 8,60 € kostet. Er findet in seiner Hosentasche 6 5-ct-Stücke, in seinem Mäppchen 3 20-ct-Stücke, und in seinem Sparschwein sind 376 2-ct-Stücke. Reicht das Geld?

Rechnung:

Antwort: ______________________________

	5 P.

6 Beim Schulfest wurden für die Kinder 316 Wassereis bereitgelegt. Nach 1 Stunde war ein Viertel der Menge schon verteilt. Wie viele Portionen Eis sind das?

Rechnung:

Antwort: ______________________________

____

	2 P.

7 55 Pfadfinder machen einen Schiffsausflug. Auf eine Sitzbank passen jeweils 4 Kinder. Wie viele Bänke brauchen sie?

Rechnung:

Antwort: ______________________________

____

	2 P.

8 Frau Tillmann vom Kiosk hat heute für 9 Lakritzstangen 3,15 € eingenommen. Wie viel € kostet eine Lakritzstange?

Rechnung:

Antwort: ______________________________

____

	2 P.

In dieser Klassenarbeit habe ich ☐ Punkte von insgesamt 20 Punkten erreicht.

Das entspricht der Note ☐. (Schau in den Lösungen auf Seite 33 nach).

Name:	Klasse:	Datum:

1 Kai will auf der Kirmes beim Dosenwerfspiel sechsmal mitmachen, beim Pfeilewerfen viermal und mit dem Autoscooter will er dreimal fahren. Er kann 10 € ausgeben. Reicht das Geld? Wenn ja, wie viel bleibt übrig?

Rechnung:

Antwort: ______________________________

6 P.

2 Frau Schürmann hat für ihren Blumenladen 126 Rosen bestellt. Für ein Fest soll sie Sträuße mit je 7 Blumen anfertigen. Für jeden Strauß erhält sie 9 €. Wie viel Geld nimmt sie ein?

Rechnung:

Antwort: ______________________________

3 P.

3 Herr Friedrich kauft 30 kleine und 30 große Schrauben. Eine kleine Schraube kostet 15 ct. Die großen sind doppelt so teuer. Weil Herr Friedrich ein guter Kunde ist, bekommt er einen Preisnachlass von 1,50 €. Wie viel zahlt er an der Kasse?

Rechnung:

Antwort: ______________________________

5 P.

4 Beim Spielen verliert Clara 9 Murmeln an Petra. Zum Trost schenkt ihr Vater ihr 15 neue Murmeln. Nun hat Clara insgesamt 43 Murmeln. Wie viele hatte sie zu Beginn?

Rechnung:

Antwort: ______________________________

____

3 P.

5 Iris hat einen Schulweg von 2 km und 300 m. Nach 400 m stellt sie fest, dass sie ihren Turnbeutel vergessen hat und läuft zurück, um ihn zu holen. Auf halbem Weg kommt ihr ihre Mutter schon mit dem Beutel entgegen. Nun geht Iris ohne Umweg zur Schule. Wie weit war diesmal ihr Schulweg?

Rechnung:

Antwort: ______________________________

____

3 P.

6 Sandra und Mike spielen im Bus „Wie viele Sekunden sind es?“. Mike startet die Stoppuhr. Nach 1 Minute und 16 Sekunden ruft Sandra „Stopp“. Nun muss sie die Sekunden ausrechnen, die noch bis zu 5 Minuten fehlen. Wie viele Sekunden sind es?

Rechnung:

Antwort: ______________________________

4 P.

7 Im Ballwagen liegen 57 verschiedene Bälle. Der 3. Teil von ihnen sind Softbälle. Zwei Bälle sind Lederfußbälle. Die Hälfte der restlichen Bälle sind Gymnastikbälle. Der Rest sind Handbälle. Rechne auf einem Extrablatt, und fülle dann die Tabelle aus.

Softbälle	Fußbälle	Gymnastikbälle	Handbälle
	2		

5 P.

In dieser Klassenarbeit habe ich ☐ Punkte von insgesamt 29 Punkten erreicht.

Das entspricht der Note ☐. (Schau in den Lösungen auf Seite 34 nach).

Name:	Klasse:	Datum:

1

Mira ist acht Jahre alt. Ihre Mutter ist viermal so alt wie sie und ihr Vater fünfmal so alt. Ihr Bruder hat bald Geburtstag.

a) Welche der Fragen kannst du durch Rechnungen beantworten? Kreuze an.

- ☐ Wie alt ist Miras Bruder?
- ☐ Um wie viele Jahre ist Miras Vater älter als Miras Mutter?
- ☐ Um wie viele Jahre ist Miras Bruder jünger als Mira?
- ☐ Um wie viele Jahre ist Miras Mutter älter als Mira?

b) Beantworte die Fragen, die du ausrechnen kannst. Rechne im Kopf.

Antworten: ______________________________

____

10 P.

2

Marc hat aus 13 Bausteinen einen Turm gebaut. Er soll noch doppelt so hoch werden. Zum Schluss will er mit 3 zusätzlichen Steinen noch eine Spitze obendrauf setzen. Wie viele Steine benötigt er für seinen Turm insgesamt?

Unterstreiche im Text die Stellen, die dir verraten, welche Rechenarten du anwenden musst, und rechne aus.

Rechnung:

Antwort: ______________________________

____

6 P.

3

Auf dem Flohmarkt verkauft Jannik heute viele Hefte seiner Comicsammlung. Er hat dazu auch eine Preistabelle angefertigt. Ein Kunde sucht sich 11 Hefte aus. Wie viel muss er bezahlen? Rechne auf einem Extrablatt.

Hefte (Stück)	3	5	8
Preis (€)	0,75	1,25	2,00

Antwort: ______________________________

2 P.

4 Herr Müller hat für insgesamt 24 € Holzleisten gekauft. Für je 50 cm zahlte er 80 ct. Wie viele Meter Holzleisten hat er insgesamt gekauft?

Rechnung:

Antwort: ______________________

| | 4 P. |

5 Ein Lieferwagen hat 740 kg Holz geladen. Mit der Ladung wiegt er nun 2 t und 850 kg. Wie viel wiegt der Wagen ohne Ladung?

Rechnung:

Antwort: ______________________

| | 2 P. |

6 Lenas Sporttraining ist um 16.30 Uhr zu Ende. Lena läuft direkt zur Bushaltestelle. Für den Weg braucht sie 5 Minuten. Dort wartet sie 2 Minuten auf den Bus. Die Fahrt dauert 21 Minuten. Für den Weg von der Haltestelle bis nach Hause braucht sie 8 Minuten. Wann kommt Lena zu Hause an?

Platz für deinen Rechenstrich:

Antwort: ______________________

| | 5 P. |

7 Papa bezahlt für 6 DVDs 59,10 €. Jede kostet gleich viel. Wie viel € kostet 1 DVD?

Rechnung:

Antwort: ______________________

| | 2 P. |

In dieser Klassenarbeit habe ich [   ] Punkte von insgesamt 31 Punkten erreicht.

Das entspricht der Note [   ]. (Schau in den Lösungen auf Seite 35 nach).

Name:	Klasse:	Datum:

1 Ergänze die Spiegelbilder.

a)
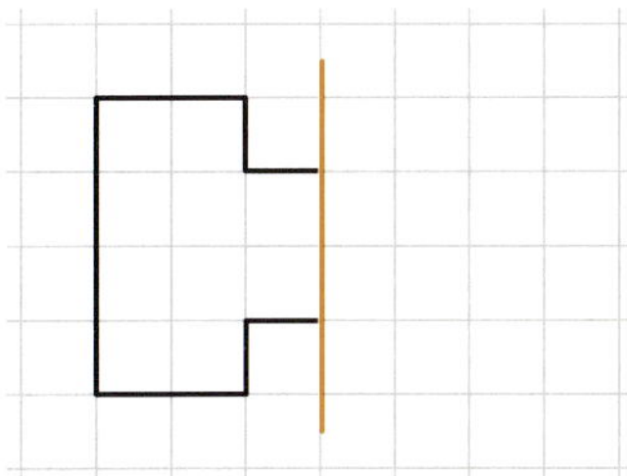

c)
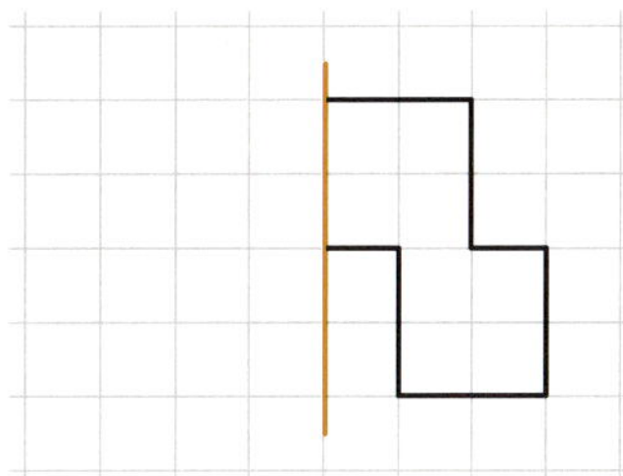

e)
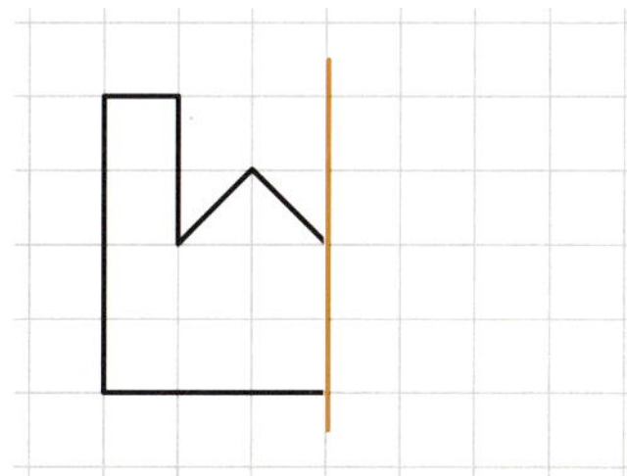

b)
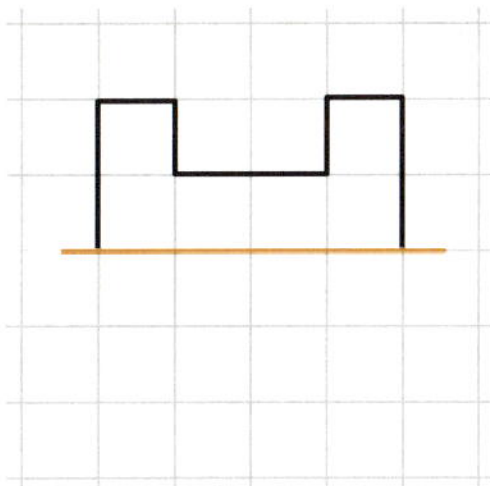

d)
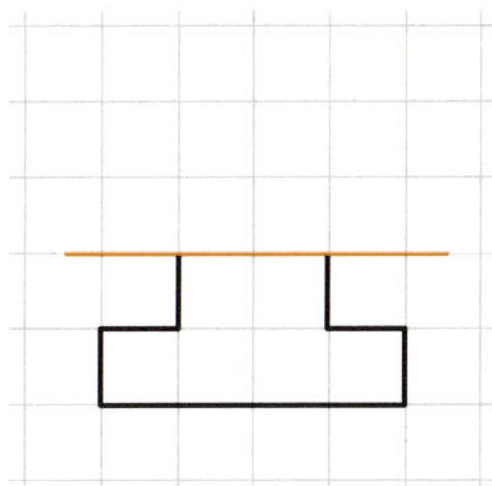

f)
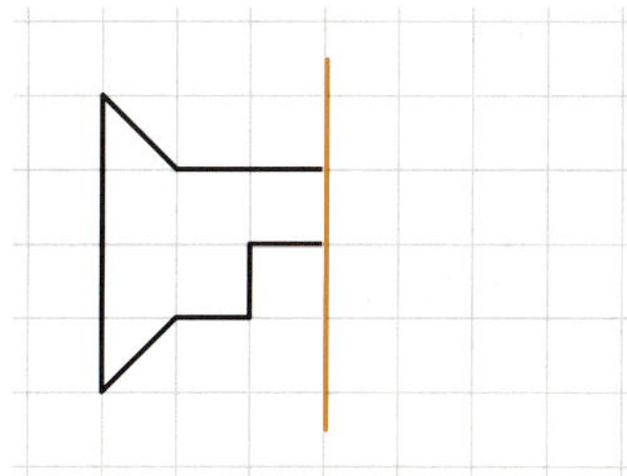

	6 P.

2 Spiegle das Muster immer an den Spiegelachsen. Beginne bei der Kürzeren.

a)
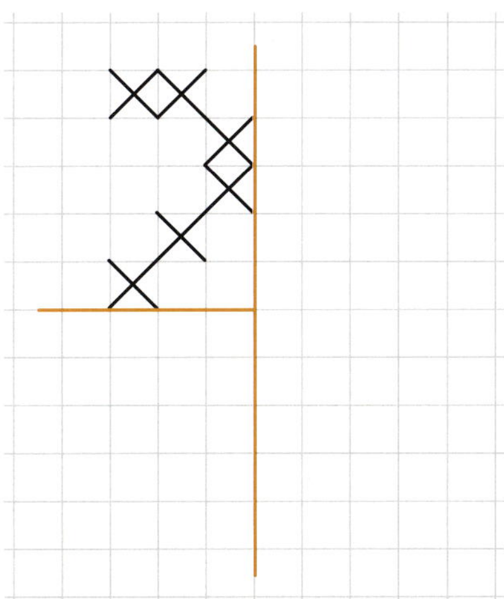

b)
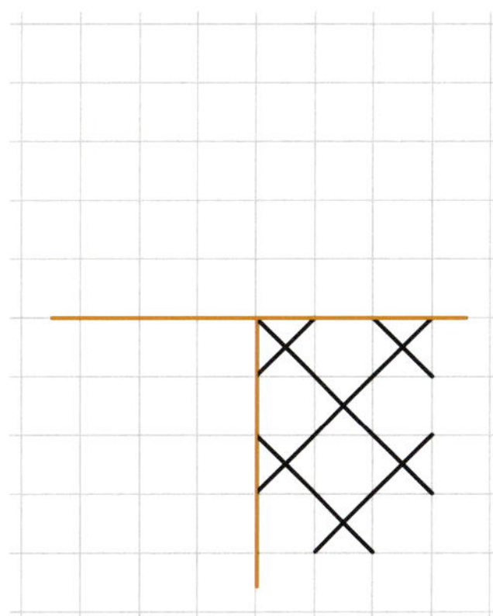

	6 P.

3 Spiegle die Punkte. Verbinde alle so, dass ein Buchstabe und eine Zahl entstehen.

a)
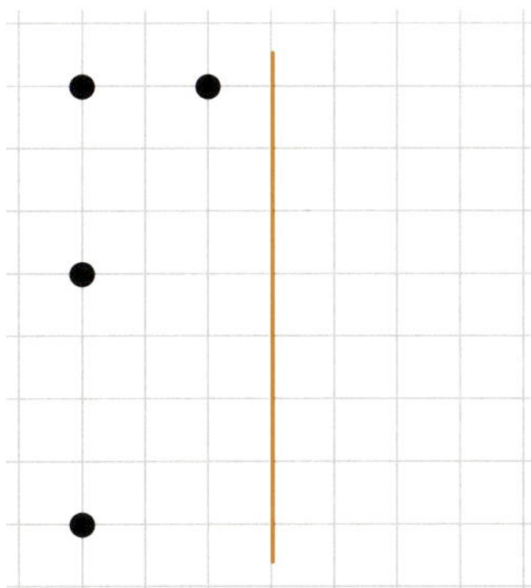

b)
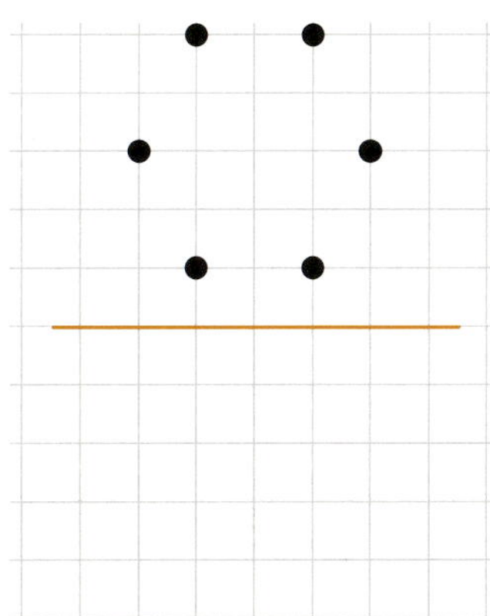

	4 P.

4 Zeichne bei allen Figuren ihre Spiegelachsen ein.

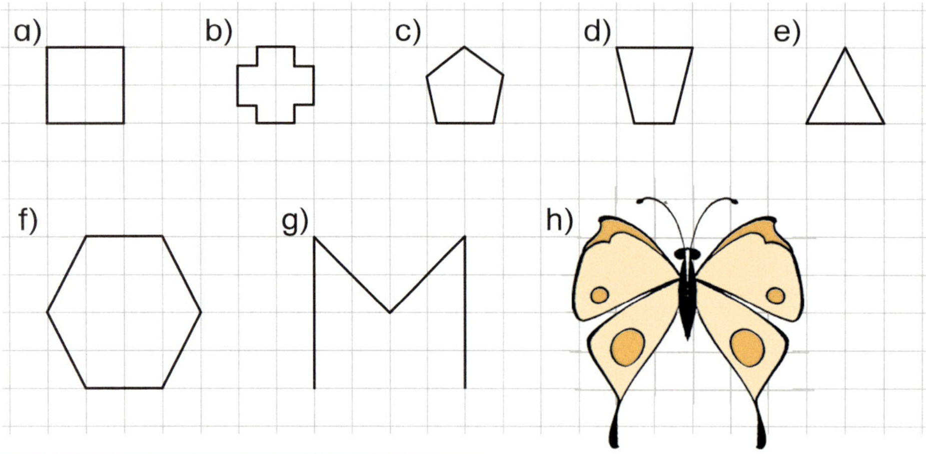

15 P.

5 Zeichne zwischen den Punkten die zugehörende Spiegelachse ein.

a)

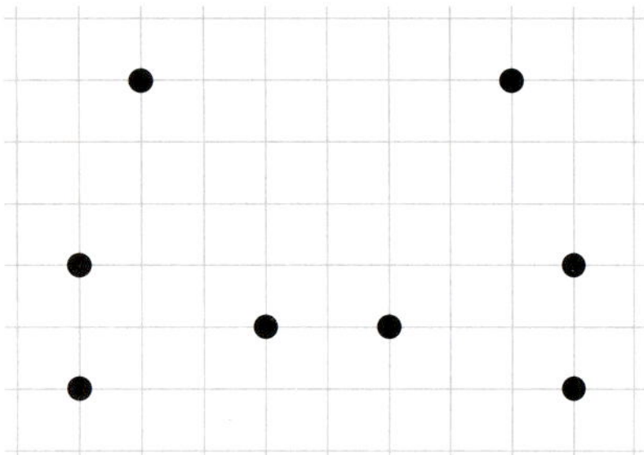

b)

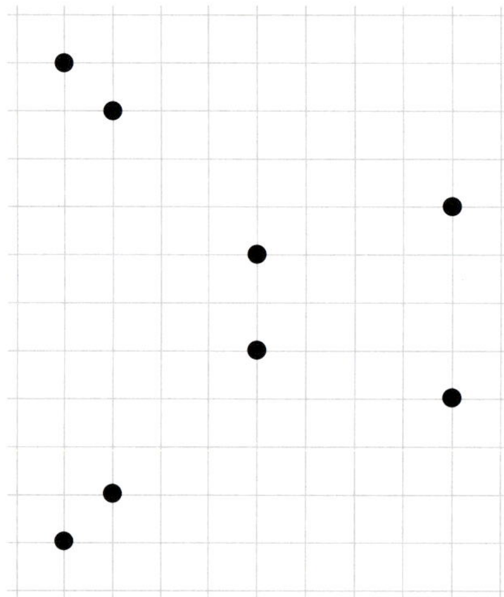

2 P.

6 Kreise die Fehler der Spiegelbilder rechts oder oberhalb der Spiegelachsen ein.

a)

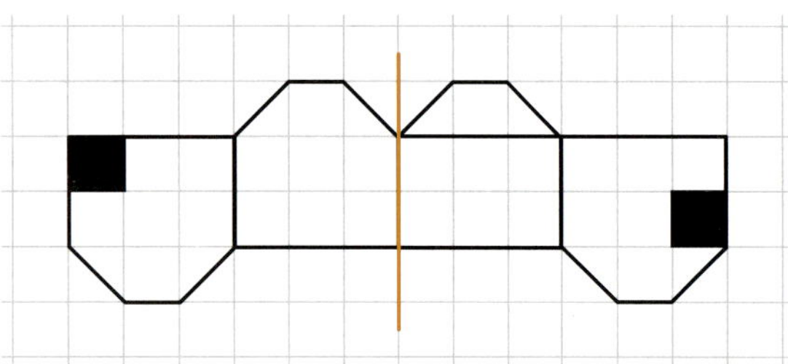

b)

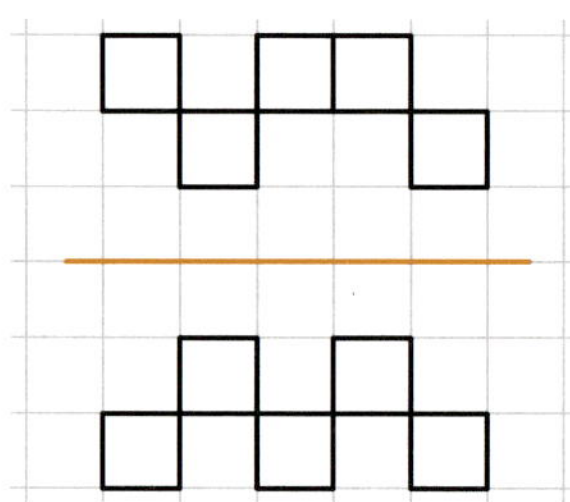

c)

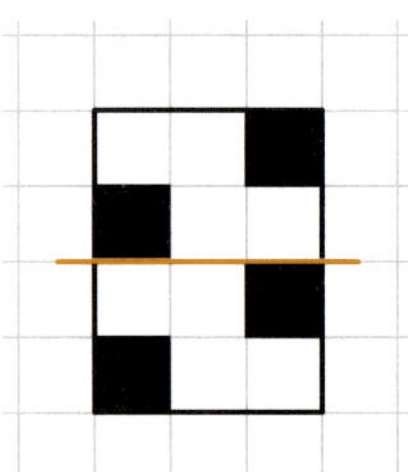

d)

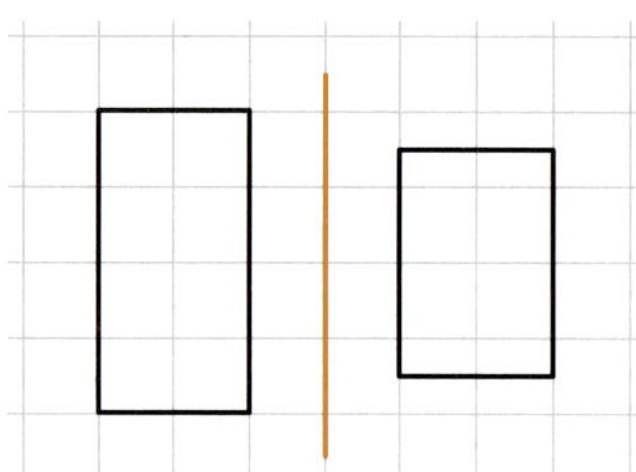

7 P.

In dieser Klassenarbeit habe ich ____ Punkte von insgesamt 40 Punkten erreicht.

Das entspricht der Note ____ . (Schau in den Lösungen auf Seite 36 nach).

Name:	Klasse:	Datum:

1 Setze diese Muster bis zum Ende der Rechenkästchen fort.

a)

b)

	10 P.

2 Kannst du mit diesen 3 Einzelformen die orangefarbene Figur auslegen? Du darfst die Formen doppelt benutzen und drehen. Zeichne sie in die Figur ein.

a)

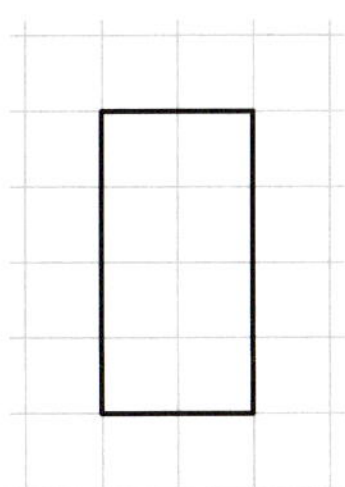

b)

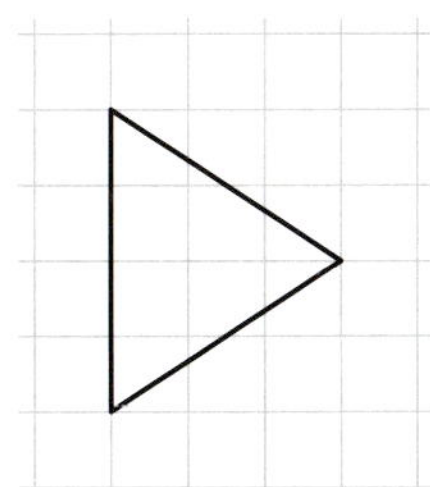

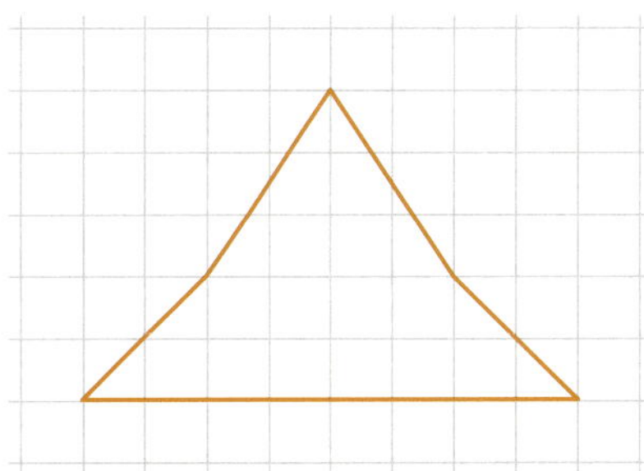

c)

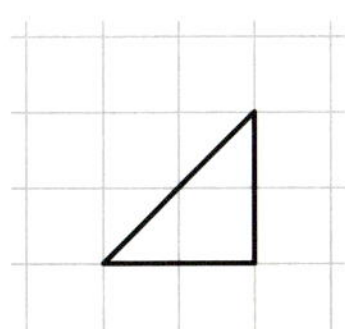

	4 P.

3 Wie viele dieser beiden Elemente brauchst du, um die orangefarbene Figur auslegen zu können? Zeichne sie ein.

a)

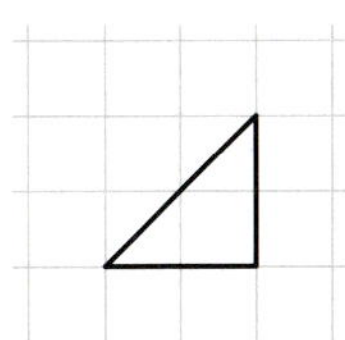

Davon benötige ich ___ .

b)

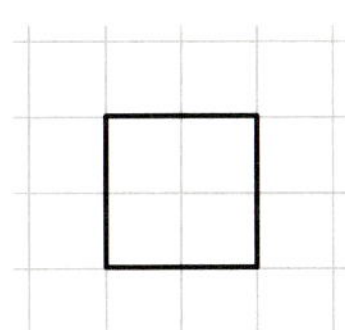

Davon benötige ich ___ .

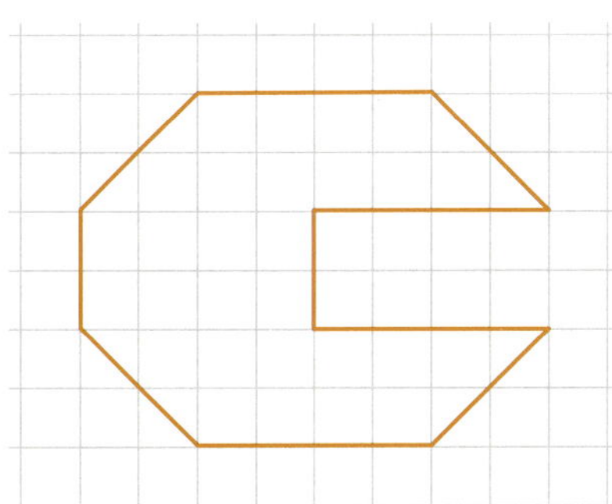

	3 P.

4 Hier siehst du 2 Figuren aus jeweils 4 Quadraten. Welche 3 weiteren Figuren kannst du aus diesen 4 Quadraten legen? Zeichne sie.

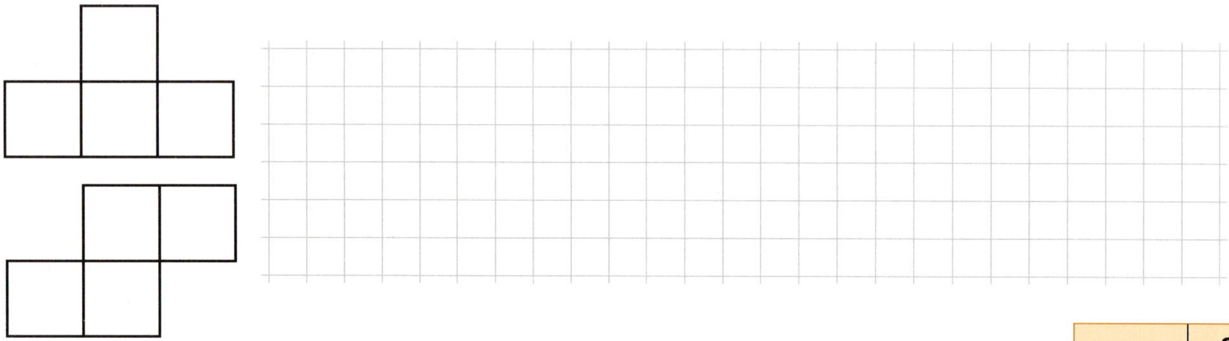

| | 3 P. |

5 Vervollständige die Zeichnungen: Stelle die Figuren 1 und 2 so zusammen, dass du die vorgegebene Pyramide erhältst.

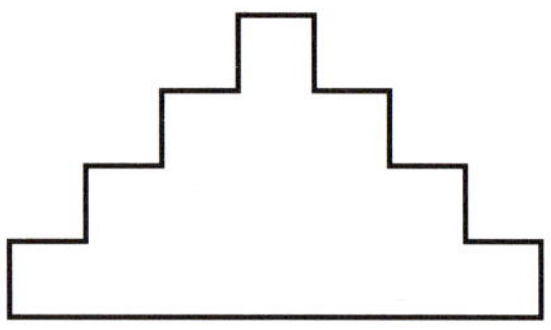

1 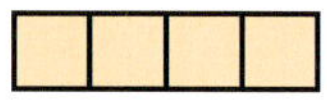

2 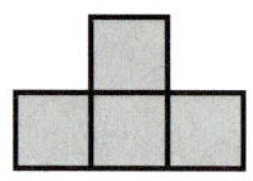

a) 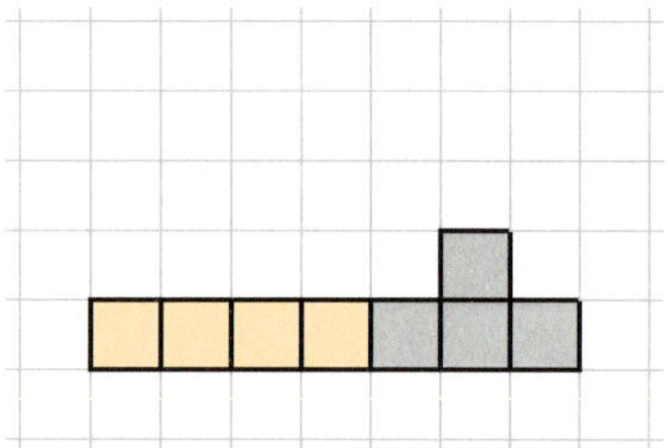

b) 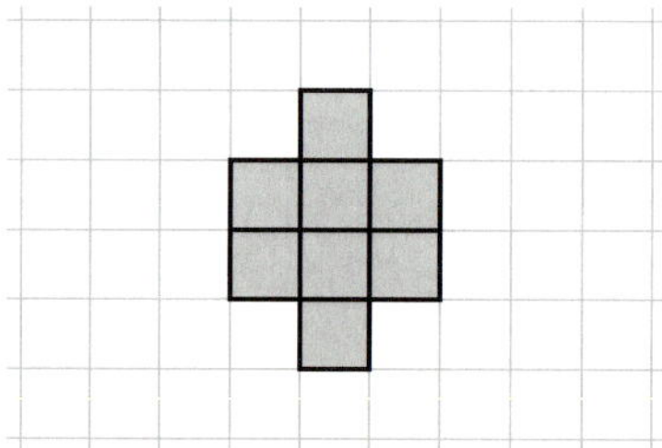

Für Pyramide a) habe ich folgende Figuren gebraucht: ____________

Für Pyramide b) habe ich folgende Figuren gebraucht: ____________

| | 4 P. |

6 In jedem dieser Felder verstecken sich 2 der Figuren, die du unten siehst. Eine der Figuren ist im Feld gespiegelt. Finde die Figuren, und verbinde mit Pfeilen.

a) 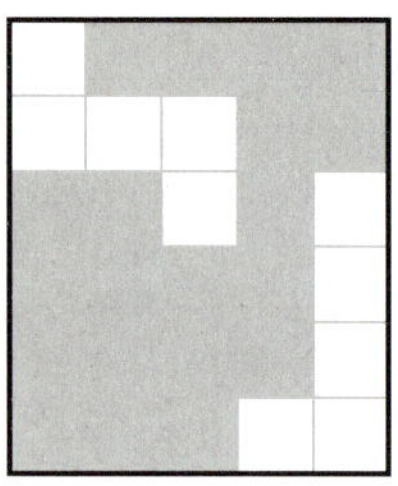

b) 

c) 

1 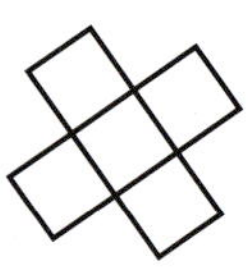

2 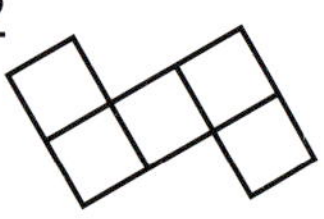

3 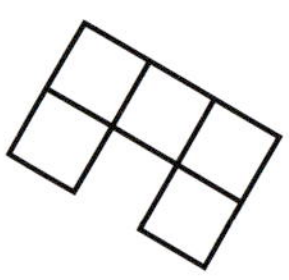

4 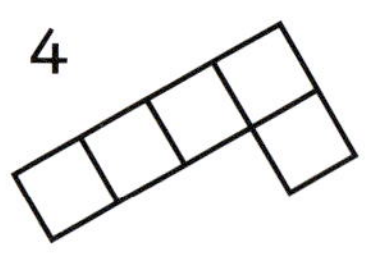

| | 6 P. |

In dieser Klassenarbeit habe ich [ ] Punkte von insgesamt 30 Punkten erreicht.

Das entspricht der Note [ ]. (Schau in den Lösungen auf Seite 37 nach).

Name:	Klasse:	Datum:

1 Korrigiere die Baupläne der Würfelgebilde. Streiche durch, und schreibe richtig darüber oder daneben.

a)

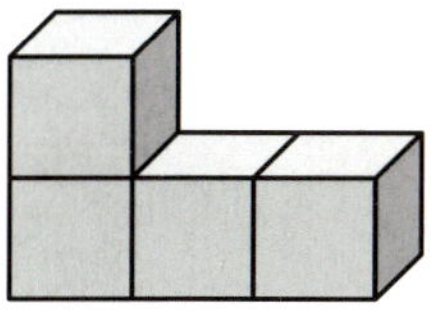

2	1	2

b)

3	2	2
1		1
1	1	1

c)

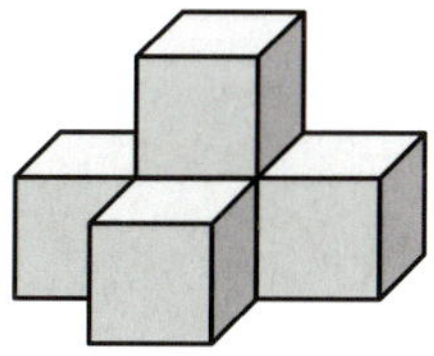

1	2	1
	2	

d)

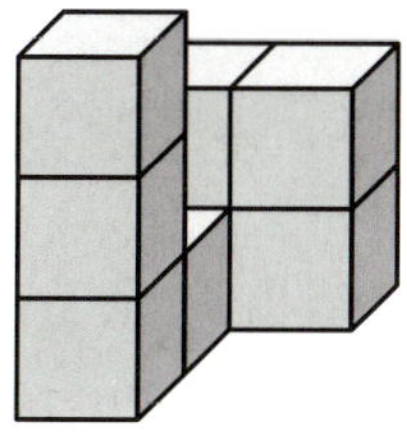

2	2
2	
3	

	6 P.

2 Zeichne die Baupläne für folgende Würfelgebilde auf ein Extrablatt.

a)

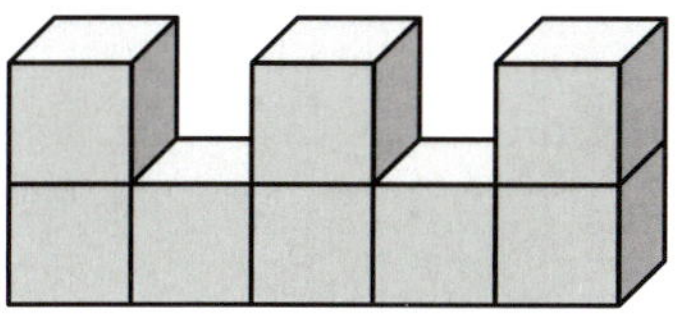

b)

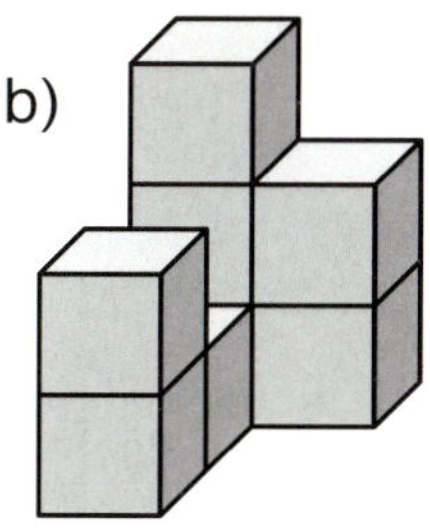

c)

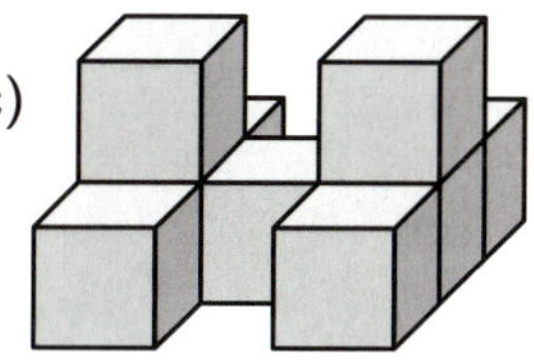

d)

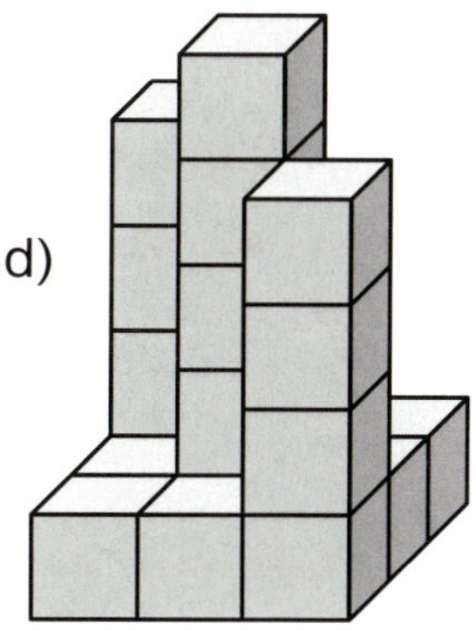

	8 P.

3 Welche Baupläne passen zu diesem Gebäude? Kreuze sie an.

a) ☐

			4
	1	2	1
2	1		1
	1		2

b) ☐

2		1	
1		1	1
1	1	1	
4			

c) ☐

4	1	1	2
	2		
	1	1	1
		2	

d) ☐

2	1	1	4
		2	
1	1	1	
	2		

	4 P.

4 Wie viele Würfel enthält jedes Gebäude? Rechne im Kopf.

a) ______

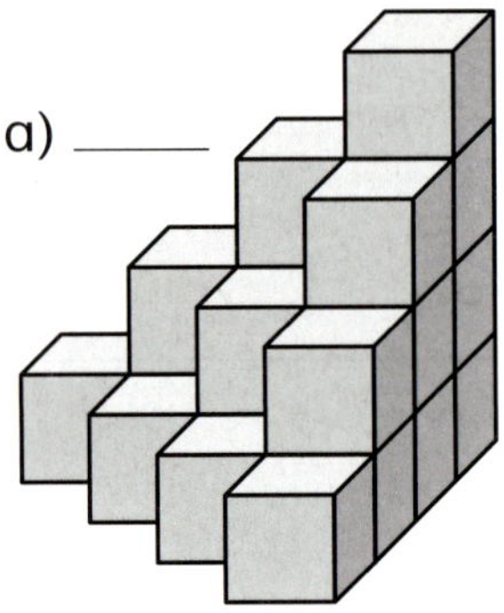

b) ______

c) ______

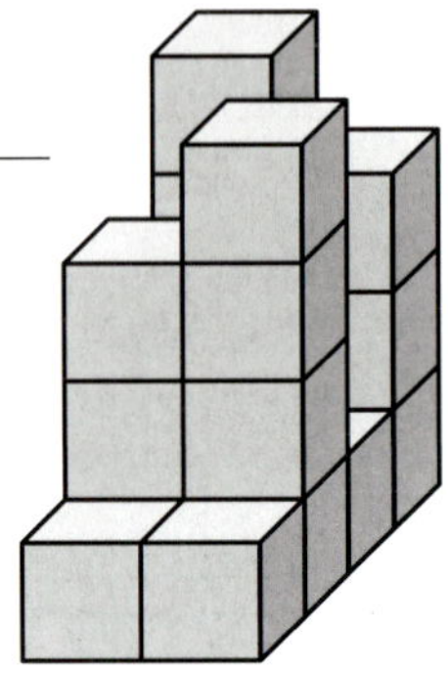

d) ______

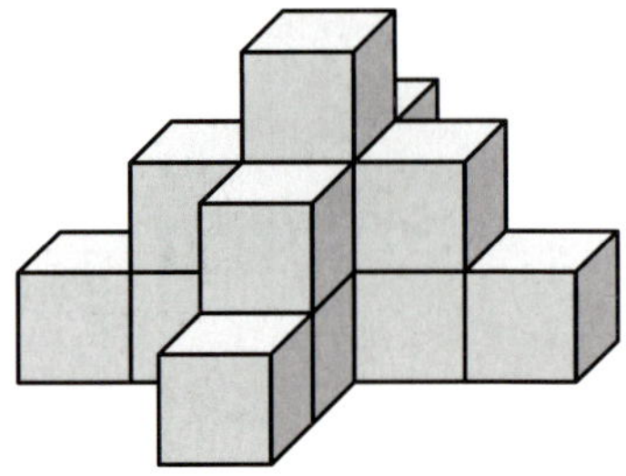

	4 P.

5 Wie viele dieser Würfel 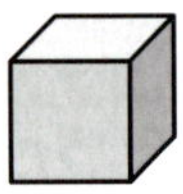 brauchst du, um die Gebäude nachzubauen?

a) ______

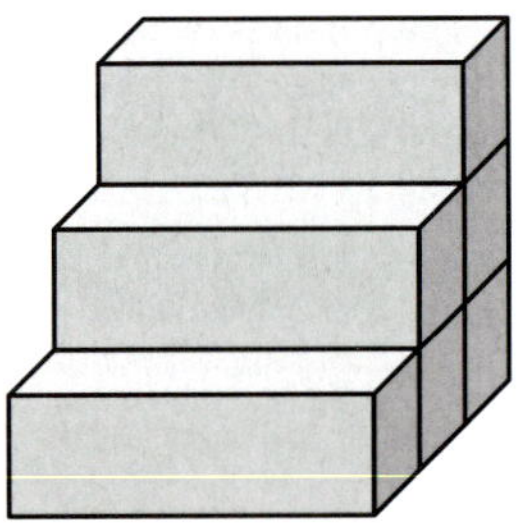

b) ______

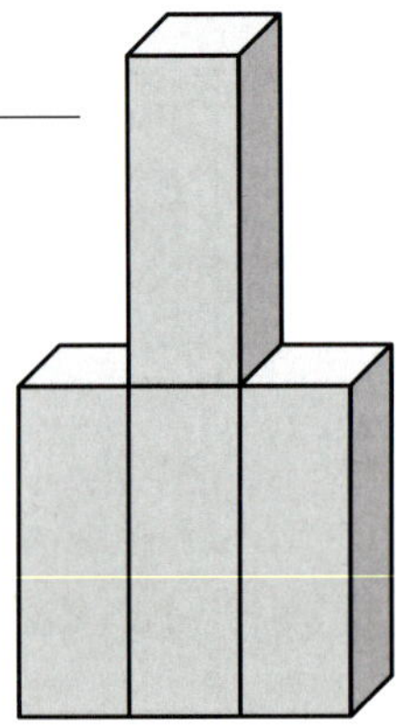

c) ______

	3 P.

6 Wie viele orangefarbene Flächen kannst du bei den jeweiligen Gebäuden sehen, wenn du um sie herumgehen könntest?

a) ______

b) ______

c) ______

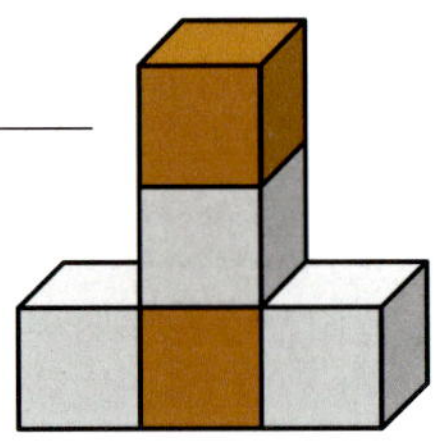

d) ______

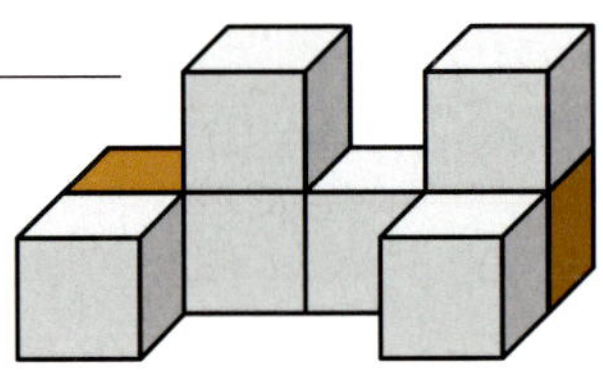

e) ______

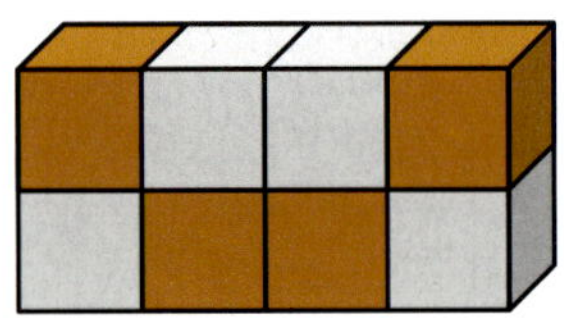

f) ______

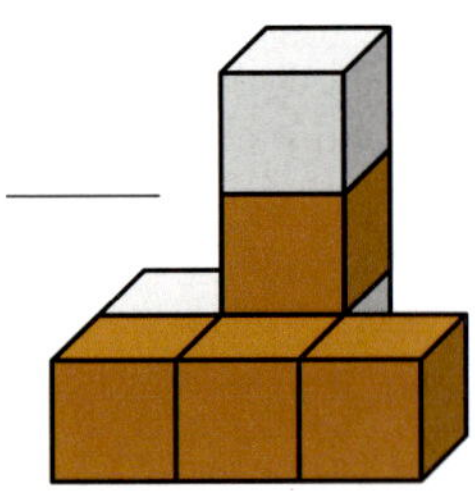

	6 P.

In dieser Klassenarbeit habe ich ☐ Punkte von insgesamt 31 Punkten erreicht.

Das entspricht der Note ☐ . (Schau in den Lösungen auf Seite 37 nach).

Name:	Klasse:	Datum:

1 In Doppelhausen gibt es alles doppelt. Zur besseren Orientierung gibt es am Rand des Stadtplanes Großbuchstaben und Zahlen. Ein Großbuchstabe und eine Zahl zusammen bezeichnen ein bestimmtes Planquadrat. Beispiel: B3 bezeichnet das Planquadrat mit dem Buchstaben r. Seinen Doppelgänger findest du im Planquadrat D2.

	A	B	C	D	E	F
1	f	e	k	i	l	b
2	p	a	n	r	f	l
3	d	r	d	g	o	j
4	h	b	k	q	e	m
5	m	g	i	a	c	p
6	c	j	o	n	q	h

a) Wo sind die Planquadrate a, b, c und d zu finden?

Planquadrat a: ____ ; ____ Planquadrat c: ____ ; ____

Planquadrat b: ____ ; ____ Planquadrat d: ____ ; ____

b) Du stehst auf D4 und gehst zu seinem Doppelgänger nach: ____

c) Du stehst auf B6 und gehst zu seinem Doppelgänger nach: ____

d) Du stehst auf E1 und gehst zu seinem Doppelgänger nach: ____

e) Du stehst auf F1 und gehst zu seinem Doppelgänger nach: ____

f) Du stehst auf C4 und gehst zu seinem Doppelgänger nach: ____

g) Du stehst auf A5 und gehst zu seinem Doppelgänger nach: ____

h) Du gehst folgenden Weg: D3 – D4 – C4 – B4 – B3 – B2 – B1 – C1

Über welche Planquadrate kommst du?

____ , ____ , ____ , ____ , ____ , ____ , ____ , ____

22 P.

2 Das ist Iris' Plan für ein Würfelgebäude. Markus hat es gebaut und von allen vier Seiten aufgemalt. Ordne die Gebäude den passenden Wörtern mit Pfeilen zu.

a) 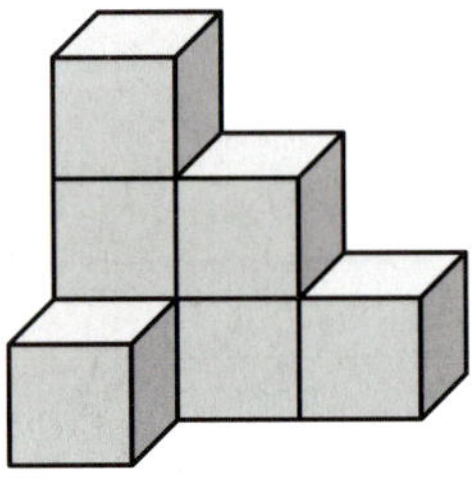

c) 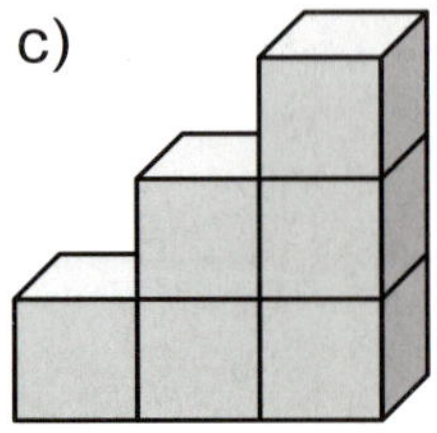

hinten

links

1	3
	2
	1

rechts

vorn

b) 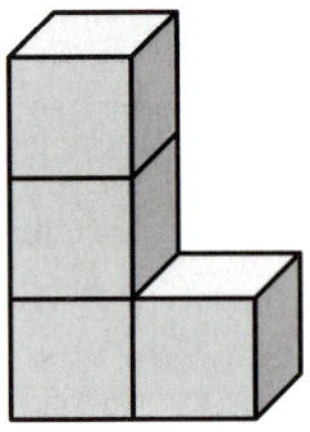

d) 

	4 P.

3 Kippe den Würfel dreimal nach rechts und einmal nach vorn.

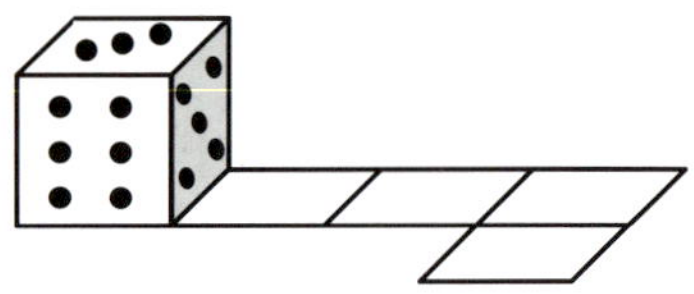

a) Welche Zahl liegt nach jedem Kippen jeweils oben?

Kippen 1: ___ Kippen 2: ___ Kippen 3: ___

b) Welche Zahl liegt zum Schluss vorn? ___

c) Welche Zahl liegt zum Schluss oben? ___

	5 P.

4 Welche der 3 Ansichten muss falsch sein? Begründe!

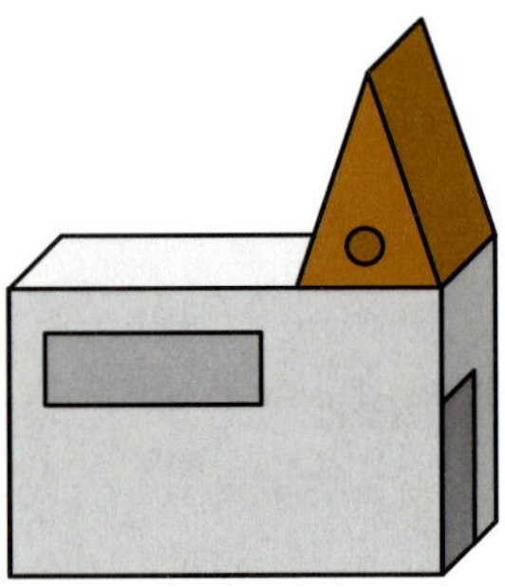

a) 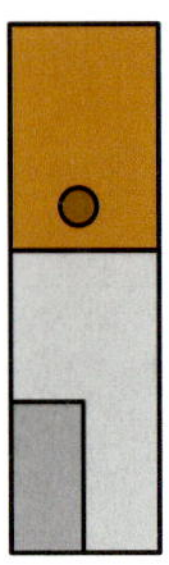

b) 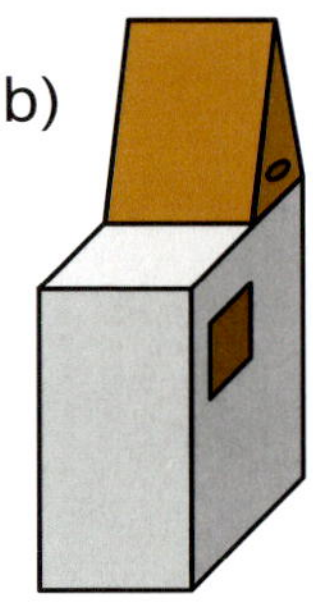

c) 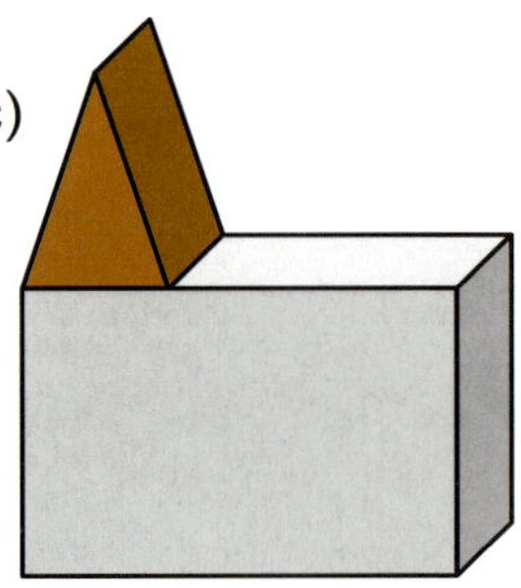

Antwort: ____

____

	2 P.

In dieser Klassenarbeit habe ich ☐ Punkte von insgesamt 33 Punkten erreicht.

Das entspricht der Note ☐. (Schau in den Lösungen auf Seite 38 nach).

Detlev Heuchert

Ich komme ins Gymnasium!

Klassenarbeitstrainer Mathematik 3. Schuljahr

Lösungen mit

Elternratgeber

Mathematik | Klassenarbeitstrainer
3. Schuljahr

Das Extra
für Eltern!

- Was muss Ihr Kind können, damit es auf das Gymnasium gehen kann?
- Lerntypen-Test und Checklisten: Ist mein Kind fit fürs Gymnasium?
- Die beste Unterstützung für das Lernen zu Hause.

Klett Lernen und Wissen GmbH Stuttgart

Elternratgeber

Die Autoren:

Detlev Heuchert arbeitet seit 1989 als Grundschullehrer, seit 2006 ist er Konrektor. Zu seinen Aufgaben zählt u.a. die Information der Eltern der Viertklässler über die weiterführenden Schulen. Die praktische Ausbildung von LehramtsanwärterInnen hat er häufig als Mentor (für den Bereich Mathematik) begleitet. Seit vielen Jahren schreibt er Lernhilfen für den Klett Verlag.

Stephan Wessolek ist Bildungsjournalist und Redakteur für Schule und Lernen bei der Elternzeitschrift „Familie & Co". Zuvor war er als Diplom-Sozialarbeiter (FH) im Bereich der Schularbeit mit sozialen Randgruppen tätig, als Germanist (B.A., M.A.) unterrichtete er in Kanada und Deutschland „Deutsch als Fremdsprache". Weiterer Schwerpunkt: Veranstaltungskooperationen mit Akademien, Instituten und Universitäten zu aktuellen Bildungsthemen.

Elternratgeber zu
Ich komme ins Gymnasium!
Klassenarbeitstrainer Mathematik 3. Schuljahr
Autoren: Detlev Heuchert (Seite 1 – 8)
Stephan Wessolek (Seite 9 – 18)

Auflage 5. 4. 3. 2. 1. I 2012 2011 2010 2009 2008
Die letzten Zahlen bezeichnen jeweils die Auflage und das Jahr des letzten Druckes.

Dieses Werk folgt der neuesten Rechtschreibung und Zeichensetzung 2006

Redaktion: double-u GmbH (Caroline Gremmel, Janka Schröder), Bad Soden
Satz: double-u GmbH, Bad Soden
Druck: Mediahaus Biering GmbH, München. Printed in Germany.
Beilage zu 978-3-12-925813-2

Liebe Eltern,

wünschen Sie sich, dass Ihr Kind nach der Grundschule das Gymnasium besucht? Bereits im 3. Schuljahr arbeitet Ihr Kind bereits kräftig an den Grundlagen für seinen späteren Werdegang. Dabei erhält es Hilfe durch seine Lehrerinnen und Lehrer, und auch Sie können es unterstützen. Erkennen Sie an den schulischen Leistungen Ihres Kindes und an seiner Gesamtentwicklung, dass es Stärken im mathematischen Bereich hat? Der *Klassenarbeitstrainer Mathematik* hilft Ihnen, diese Stärken zu festigen und zu fördern.

Wie kann mein Kind mit dem Buch üben?

Die Zeugnisnoten, die Ihr Kind im 3. Schuljahr erhält, setzen sich nicht allein aus den Noten zusammen, die es in den Klassenarbeiten erreicht hat. Tatsächlich stellen diese nur einen Teilaspekt in der Gesamtbeurteilung dar. Dennoch dienen Klassenarbeiten sowohl Ihnen als Eltern als auch Ihrem Kind im besonderen Maße zur Einschätzung seiner schulischen Leistungen. Das vorliegende Buch *Ich komme ins Gymnasium! Klassenarbeitstrainer Mathematik 3. Schuljahr* bietet Ihrem Kind Klassenarbeiten zu den vier Teilbereichen *Arithmetik, Größen, Textaufgaben* und *Geometrie* an, die Ihrem Kind den gelernten Stoff noch einmal kompakt vor Augen führen. Wie im Mathematikunterricht sind auch die Klassenarbeiten in diesem Buch für eine Bearbeitungszeit von 45 Minuten ausgelegt. So wird eine reale Prüfungssituation simuliert, und Sie und Ihr Kind erhalten einen Eindruck von seiner Arbeitsgeschwindigkeit.
Zu jedem Bereich gibt es 6 Klassenarbeiten, wobei die sechste jeweils gemischte Aufgaben aus den vorangegangenen fünf Teilgebieten enthält. Den Aufgaben sind Punkte zugeordnet. Im beigefügten Lösungsheft finden Sie zu jedem Bereich eine Skala, aus denen Sie ablesen können, welcher Schulnote die erreichte Gesamtpunktzahl der jeweiligen Klassenarbeit entspricht. Aufgrund der leicht verständlichen Aufschlüsselung in Halbnotenstufen wird Ihr Kind dies auch alleine erledigen können.
Die Arbeitsblätter sollten vor Beginn der Arbeit an der gestrichelten Linie herausgeschnitten werden, um Ablenkungen durch Hin- und Herblättern vorzubeugen.
Zu Beginn des Bandes findet Ihr Kind eine Regelübersicht und eine Tippsammlung, die zur Vorbereitung auf die Klassenarbeiten dienen. Sie helfen Ihrem Kind, Gelerntes zu wiederholen oder Vergessenes nachzuschlagen und bieten Ratschläge zum cleveren Lernen.
Im Folgenden finden Sie, liebe Eltern, Tipps und Hinweise, wie Sie Ihr Kind sinnvoll bei seinen Vorbereitungen und Übungen für Klassenarbeiten begleiten können.

Klassenarbeiten in der Schule

Wann erfahre ich den Termin einer Klassenarbeit?

Klassenarbeiten werden meistens von der Lehrerin oder dem Lehrer vorangekündigt. Von Ihrem Kind können Sie also rechtzeitig erfahren, wann die nächste Klassenarbeit ansteht.

In der Regel konzipieren Grundschullehrer ihre Klassenarbeiten für 45 Minuten. Diese Zeit wird Ihr Kind ganz ausnutzen oder sogar stark unterschreiten – je nach Arbeitstempo und Gründlichkeit, aber auch Fähigkeit. Hat es vor Ablauf der 45 Minuten alle Aufgaben gelöst, so sollte es die verbleibende Zeit nutzen, um durch Nachkontrollen und Proben eventuelle Flüchtigkeitsfehler zu entdecken und wettzumachen. Für eine frühzeitige Abgabe eines Tests gibt es keine Punkte.

Welche Anforderungen werden gestellt?

Mit dem Termin der nächsten Klassenarbeit werden auch die darin vorkommenden Themen angekündigt. Zu diesen Themen wird es Aufgaben verschiedener Schwierigkeitsgrade geben. Dabei wird Ihr Kind jedoch thematisch nur zu Inhalten abgefragt, die zuvor bereits im Unterricht geübt und durch die Hausaufgaben gefestigt wurden.

Erscheint Ihrem Kind das Thema einer Aufgabe als neu, so wird es sich um eine Aufgabe handeln, die Transferleistungen abfragt. Eine Aufgabe also, die mithilfe des bisher Gelerntem gelöst werden kann. Da solche Transferleistungen im gymnasialen Bereich vorausgesetzt werden, sollte Ihr Kind sie bereits im 3. Schuljahr gründlich trainieren.

Erreicht Ihr Kind gute Noten, hat es Spaß am Mathematikunterricht und am ausdauernden Forschen und Knobeln? All dies weist darauf hin, dass Ihr Kind den Anforderungen eines Gymnasiums im Bereich Mathematik gewachsen sein wird.

Zweifel hinsichtlich seiner Leistungsbereitschaft sind hingegen angebracht, wenn Sie feststellen, dass Ihr Kind rasch die Lust verliert, sich einem schwierigerem Problem zu widmen, oder dass es versucht, nur durch die Bearbeitung von Aufgabentypen, die es gut kann, genug Punkte zu sammeln.

Was wird abgetestet?

In jeder Arbeit sollten sich neben Aufgaben, die die grundlegenden Anforderungen aufweisen, auch solche befinden, die herausfordernder Natur sind, also zum besonderen Mit- und Nachdenken anregen. Steht als Thema einer Klassenarbeit etwa die halbschriftliche Division an, so müssen die Kinder auch damit rechnen, zu halbschriftlichen Kontrollverfahren aufgefordert zu sein. Dann dürfen sie diesen Stoff nicht etwa ad acta gelegt haben, sondern müssen die halbschriftliche Multiplikation im Zusammenhang mit dem aktuellen Thema genauso beherrschen.

Wie werden Klassenarbeiten bewertet?

Im Bereich *Arithmetik* testen Klassenarbeiten ab, ob Ihr Kind den Zahlenraum bis 1 000 erfasst hat. Das heißt, es wird geprüft, ob es mit Stellentafeln umgehen kann, Bündelungen und Entbündelungen vornehmen kann, mit Zahlenstrahlen umgehen kann, sich im „Tausenderbuch" mit den 10 Hundertertafeln zurechtfinden kann, usw.
Außerdem wird es Aufgaben geben, die seine Fähigkeit testen, mit schriftlichen und halbschriftlichen Rechenverfahren zu operieren.
Aber auch Leistungen wie das vorteilhafte Rechnen, das Abschätzen von Ergebnissen, die Nutzung sinnvoller Rechenwege und manchmal auch deren Begründung sind Testbestandteile und werden mit entsprechender Bepunktung bewertet.
Beim *Umgang mit Größen* geht es im Bereich Geld und Längen um Kommaschreibweisen und die Kenntnis der Abkürzungen der Einheiten. In den Aufgaben wird abgetestet, ob Ihr Kind in verschiedene Einheiten umwandeln kann und ob es realistische Vorstellungen von den Größen gewonnen hat.
Textaufgaben verlangen die Fähigkeit, Texte zu verstehen, Fragen abzuleiten und die zur Lösung relevanten Bestandteile aus den Texten herauszufinden, um sie in eine mathematische Formel zu überführen. Auch der Umgang mit Schaubildern, aus denen mathematische Sachsituationen ableitbar sind, kommen in diesem Bereich vor. Für diese Leistungen werden in den Klassenarbeiten zusätzliche Punkte vergeben.
Im Bereich *Geometrie* müssen die Kinder zeigen, dass sie über räumliche Vorstellungskraft verfügen, dass sie über grundlegende Eigenschaften von Ebenen und Körpern Bescheid wissen und dass sie dieses Wissen wiedergeben und anwenden können. Auch müssen sie z. B. mit Arbeitsmaterialen bei zeichnerischen Aufgaben sorgfältig umgehen können.
Im vorliegenden Buch sind den einzelnen Aufgaben der Klassenarbeiten Punkte zugeordnet. Im Lösungsteil ist die Verteilung der Punkte pro Rechenschritt transparent gemacht und für die Gesamtnote so leicht ablesbar. Überall dort, wo Ihr Kind nicht die volle Punktzahl erreicht hat, sollte noch einmal geübt werden, um den Stoff insgesamt zu sichern. Um einen leichten Überblick über seinen Leistungsstand zu erhalten, kann Ihr Kind seine erreichten Punktzahlen auf S. 15/16 in seine persönliche Leistungskurve eintragen. Auch Sie als Eltern sehen so auf den ersten Blick, wo noch weitere Förderung notwendig ist.

Klassenarbeitstraining

Gemeinsame Überlegungen

Die Ankündigung einer Klassenarbeit bringt nicht selten Unruhe ins Haus, die für eine gelungene Klassenarbeitsvorbereitung hinderlich ist.
Gerade nach einer Testankündigung ist es jedoch wichtig, eine Arbeitsatmosphäre aufkommen zu lassen, die frei von Stress auslösenden Faktoren ist. Auf keinen Fall sollte sich Ihre eigene Unruhe auf Ihr Kind übertragen. Es wäre deshalb gut, wenn Sie sich als Eltern zuerst einmal die nötige Ruhe verschaffen. Gehen Sie die folgende Checkliste durch:

Checkliste: Beruhigt vor der Klassenarbeit

- ☐ Ihr Kind hat den Mathematikstoff der letzten Wochen im Unterricht geübt und gelernt.
- ☐ Es hat regelmäßig seine Hausaufgaben erledigt.
- ☐ Wenn es – etwa wegen Krankheit – Unterrichtsstunde versäumt hat, wurde Ihr Kind durch eine Schulfreundin oder einen Schulfreund über neuen Stoff informiert.
- ☐ Im Allgemeinen hatte Ihr Kind im Fach Mathematik bisher keine größeren Schwierigkeiten.

Wenn Sie die Punkte dieser Liste getrost abhaken können – und das wird in der Regel der Fall sein – können Sie Ihr Kind positiv bei seinen Vorbereitungen stärken, indem Sie es darauf hinweisen, nicht so gut geübte Aufgabenbereiche noch einmal zu wiederholen und sich bei Unklarheiten noch einmal im Buch oder bei Freunden oder bei Ihnen zu vergewissern. Wenn es allzu unsicher ist, gehen Sie mit Ihrem Kind seine Arbeitsergebnisse noch einmal gemeinsam durch.
Dämpfen Sie den Ehrgeiz Ihres Kindes, wenn es nicht aufhören will zu arbeiten, weil es ja eine gute Note nach Hause bringen will.
Überarbeitete Kinder lernen nichts dazu. Schlagen Sie ihm vor, am nächsten Tag weiterzuüben.
Fördern Sie die Selbstständigkeit Ihres Kindes, indem Sie es die Klassenarbeiten in diesem Band vorwiegend allein erledigen lassen. Das vorliegende Buch enthält Tipps und Regeln zum Nachschlagen sowie Lösungen, die – richtig nachvollzogen – ebenfalls einen Lerneffekt auf Ihr Kind ausüben.

Weniger ist mehr

Der abzutestende Stoff ist schon in den Vorwochen eingeführt, geübt und vertieft worden. Nun soll er unmittelbar vor einer Arbeit noch einmal hervorgeholt, also aktualisiert werden. Da also nichts Neues mehr zu lernen ist, kann die Arbeitszeit eingeschränkt werden. Oft genügt es, eine Regel noch einmal zu lesen, und der berühmte Groschen ist schon gefallen, sodass dazugehörende umfangreiche Aufgabensammlungen nicht noch einmal durchgekaut werden müssen. Ihr Kind wird sehr wohl selbst wissen, was es noch üben muss. Trauen Sie ihm diese Selbsteinschätzung zu.

Beim Durcharbeiten einer themenrelevanten Arbeit im Klassenarbeitstrainer kann Ihr Kind außerdem innerhalb von 45 Minuten selbst feststellen, wo es noch Übungsbedarf hat.

Angst hilft nicht

Lassen Sie sich nicht anstecken, wenn Sie spüren, dass Ihr Kind vor der Klassenarbeit Angst hat. Stehen Sie ihm lieber hilfreich zur Seite, indem Sie Ihr Angebot erneuern, sich Übungsergebnisse anzusehen. Ermutigen Sie Ihr Kind, indem Sie es loben. Etwa für richtige Überlegungen und Rechenansätze, die zur Lösung führen, und für seine Fähigkeit, Ihnen seinen Rechenweg logisch zu erklären. Eine unterstützende Haltung ist auch und vor allem dann gefragt, wenn Ihr Kind Fehler gemacht hat. Weisen Sie auf Fehler hin, geben Sie Ihrem Kind aber gleichzeitig das Gefühl, dass Sie seine Arbeit im Ganzen betrachten – also sowohl mit den richtigen Ergebnissen als auch mit den Fehlern, die es ja schließlich verbessern kann und soll.

→ Tipp

7 Tipps für entspanntes und angstfreies Lernen

- Besprechen Sie evtl. Fehler mit Ihrem Kind ruhig und auf einer sachlichen Ebene.
- Ermuntern Sie Ihr Kind, seine Fehler selbst zu entdecken und zu korrigieren. (Kleine Tipps sind erlaubt.)
- Lassen Sie es nicht über die vereinbarte Zeit hinaus arbeiten.
- Schaffen Sie Ihrem Kind eine ruhige Arbeitsumgebung und achten Sie darauf, dass es hier seine Unterlagen (z B. eine Sammlung mit Rechenregeln) griffbereit vorfindet.
- Erlauben Sie gemeinsames Arbeiten mit einer Schulfreundin oder einem Schulfreund, wenn Sie wissen, dass Ihr Kind dabei ernsthaft und anstrengungsbereit bei der Sache ist.
- Erstellen Sie mit Ihrem Kind einen Übungsplan. Beginn oder Abschluss eines solchen Planes könnte eine themengleiche Arbeit aus dem Klassenarbeitstrainer sein. Jeder abgearbeitete Punkt gibt Ihrem Kind Selbstsicherheit.
- Das regelmäßige Erledigen von Tests im Klassenarbeitstrainer gibt Ihrem Kind Routine bei Testsituationen. Dies ist wichtig zur Vorbereitung auf „reale" Klassenarbeiten, denn Routine stellt eine Selbstverständlichkeit dar und ist gerade nicht mit Ängsten besetzt.

Schätzen Sie Klassenarbeiten richtig ein

Klassenarbeiten allein bilden nicht die Zeugnisnoten. Die Zeiten, in denen man die Noten der zurückliegenden Klassenarbeiten addierte und durch die Anzahl der geschriebenen Tests dividierte, um zur Zeugnisnote zu kommen, sind vorbei. Wenige Momentaufnahmen spiegeln zu ungenau die tatsächliche Leistungsfähigkeit eines Kindes wider. Eine Unterbewertung von Klassenarbeiten ist aber genauso falsch wie eine Überbewertung.

Bleiben Sie hier im Lot und bemühen Sie sich einfach um eine sachliche Sehweise, indem Sie für eine angst- und stressfreie häusliche Situation sorgen.
Auch wenn in der Vorbereitungsphase alles gut lief und Ihr Kind gestärkt in die Klassenarbeit ging, kann es passieren, dass es in der Klassenarbeit selbst Fehler macht, die ihm zuhause schon länger nicht mehr passiert sind, und die letztendlich zu einer schlechteren Note führen.
Das kann daran liegen, dass Ihr Kind zum Zeitpunkt des Test unkonzentriert war, weil es etwa private oder familiäre Probleme belasten oder anstehende Ereignisse es gedanklich ablenken. Auch ein ungewohnter Sitzplatz im Klassenzimmer oder auch ein unruhiger Sitznachbar können Ihr Kind am konzentrierten Arbeiten hindern. Die häufigste Ursache für Konzentrationsmangel, der zu Flüchtigkeitsfehlern oder gar zu Denkblockaden führt, ist Aufregung, die durch Ängsten vor der Testsituation hervorgerufen wird.
Es gibt noch viele solcher Faktoren, die zu einer vorübergehenden Leistungsschwäche führen können. Darüber sind Sie sich im Klaren und können gelassen darauf reagieren – während Ihr Kind von seinem vermeintlichen „Versagen" vielleicht schockiert ist, vor allem, wenn es ihm erstmalig in seiner Schulzeit passiert. Deshalb sollten Sie die Ruhe bewahren und Ihrem Kind klarmachen, dass durch eine schlechtere Note keine Welt zusammengebricht.
Lassen Sie Ihr Kind im Gegenteil das Ergebnis zum Anlass nehmen, genau zu überprüfen, welche Fehler ihm unterlaufen sind, und zu analysieren, ob diese aus einem Übungsmangel heraus entstanden (dann soll das Versäumte nachgeübt werden, um es in einer anderen Situation präsent zu haben) oder ob Angst und Aufgeregtheit zur Blockade führten (dann sind fachlich keine Übungsschritte mehr nötig, sondern eine schrittweise Hinwendung zu einem angstfreien Angehen solcher Situationen). Hier ist Ihr Feingefühl gefragt.
Wenn sowohl Sie selbst als auch die Lehrerin oder der Lehrer Ihres Kindes es insgesamt als leistungsstark einschätzen, dürfte es kaum wirklich schlechte Noten erzielen. Passiert Ihrem Kind dennoch einmal ein „Ausrutscher", so messen Sie ihm keine allzu große Bedeutung bei, solange er eine Ausnahme bleibt.
Der Aufbau von Klassenarbeiten variiert natürlich und ist von Lehrer zu Lehrer unterschiedlich. Nicht jede Lehrerin bzw. jeder Lehrer folgt da einem einheitlichen Muster. Daher mag allein schon der äußere Rahmen eines Tests im Klassenarbeitstrainer für Ihr Kind zunächst gewöhnungsbedürftig sein. Der Aufbau der Seiten, die Gliederung der Aufgaben und die Verweise auf die Punktzahlen in den Klassenarbeiten des vorliegenden Bandes können also eventuell von dem abweichen, was Ihr Kind aus der Schule gewohnt ist. Tut sich Ihr Kind zunächst schwer, sich in solchen Punkten umzustellen, so können zu Beginn der Arbeit mit dem Trainer kleine Anfangsprobleme auftauchen, die dann auch zu einer etwas schwächeren Note führen. Diese Probleme sollten sich aber nach kurzer Eingewöhnungsphase eingestellt haben. Bald wird sich die gewünschte Routine eingestellt haben und das Ziel dieses Bandes wird erreicht sein: Ihr Kind kann praxisnah für Klassenarbeiten üben und wird fit fürs Gymnasium!

Neue Schule, neues Glück!

Bereits im Laufe des 3. Schuljahres (in Berlin und Brandenburg ist es in Klassenstufe 5), beschäftigt Eltern und Kinder die Frage, wie es nach der Grundschule weitergehen soll. Dies zeigt: Der Übertritt ins Gymnasium bzw. in eine andere weiterführende Schule wird von allen Beteiligten, Eltern, Lehrern und Schülern, als eine wichtige Weichenstellung wahrgenommen.
Voraussetzung für eine fundierte Entscheidung über die schulische Zukunft Ihres Kindes ist eine möglichst genaue Kenntnis seines individuellen Leistungsvermögens, seiner Talente, Begabungen und Fähigkeiten im Hinblick auf die Anforderungen, die die verschiedenen Schultypen an ihre Schülerinnen und Schüler stellen.
Einfach ist die Entscheidung, wenn Ihr Kind zu den besten Schülern in seiner Klasse gehört, eine schnelle Auffassungsgabe besitzt, gerne lernt, Herausforderungen grundsätzlich als Chance begreift und damit ein potenzieller Kandidat fürs Gymnasium ist. Doch längst nicht alle Kinder lassen sich eindeutig einem bestimmten Leistungsniveau zuordnen.
Umso wichtiger ist es für Eltern, sich rechtzeitig vor dem Schulwechsel ein genaues Bild von der Lernbereitschaft und dem Leistungsvermögen ihres Kindes zu machen.
Wichtige Hinweise liefern Gespräche zwischen Eltern und Lehrern über das Lernverhalten des Kindes in der Schule und zu Hause, die Empfehlung, die jedes Kind im letzten Grundschuljahr erhält sowie die jüngsten Zeugnisnoten. All diese Indikatoren geben Auskunft über den Leistungsstand, die Lernentwicklung und die individuellen Fähigkeiten des Kindes.
Sind Eltern mit der Empfehlung nicht einverstanden und überzeugt, dass ihr Kind mehr leisten kann, können sie sich in den meisten Bundesländern über das Gutachten hinwegsetzen und ihr Kind auch dann aufs Gymnasium schicken, wenn es „nur“ eine Realschulempfehlung hat. Achten Sie bei Ihrer Entscheidung aber darauf, dass Sie Ihr Kind weder über- noch unterfordern. Ob Ihr Kind den Anforderungen des Gymnasiums gewachsen ist, können Sie anhand der Checkliste (S. 10) überprüfen. Bedenken Sie dabei immer, dass Ihrem Kind mehrere Wege zum Bildungsziel Abitur offenstehen, das Gymnasium hierzu also nur den direktesten Zugang bietet.

Info

Grundschulempfehlung
In der Beurteilung durch den Klassenlehrer fließen außer dem Leistungsstand das Arbeitsverhalten, der Leistungswille, das Lerntempo, die Intelligenz und die Begabung des Kindes ein.

Checkliste: Ist mein Kind fit fürs Gymnasium?
Je mehr Antworten positiv ausfallen, desto besser die Aussichten: ☐ Mein Kind kann gut rechnen und beherrscht die Grundrechenarten sowie das Einmaleins. ☐ Mein Kind erfasst schnell Aufgabenstellungen und ist clever bei der Suche nach Lösungswegen. ☐ Mein Kind liest flüssig und gerne, verfügt über einen großen Wortschatz und erfasst Texte schnell. ☐ Mein Kind schreibt fast fehlerfrei und teilt sich auch gerne schriftlich mit. ☐ Mein Kind hat Spaß am Lernen und ist Neuem gegenüber aufgeschlossen. ☐ Mein Kind geht gerne in die Schule und beteiligt sich aktiv am Unterricht. ☐ Mein Kind kann systematisch denken und findet Lösungen ohne Unterstützung von außen. ☐ Mein Kind ist einfallsreich und kreativ. ☐ Mein Kind hat selten Schwierigkeiten mit den Hausaufgaben, erledigt sie zügig und selbstständig. ☐ Mein Kind schreibt vorwiegend Einsen und Zweien und gehört in seiner Klasse zu den leistungsstarken Schülern.

Das Lernen lernen

Auch das Lernen will gelernt sein! Den Schritt vom spielerischen zum systematischen Lernen hat Ihr Kind in der Grundschule vollzogen. Folgende Kniffe und Strategien erleichtern ihm auch in seiner neuen Schule effektives und zielgerichtetes Lernen:

→ Tipp

10 Tricks für besseres Lernen

- in kleinen Häppchen statt in großen Portionen lernen
- mit dem Einfachen beginnen und sich langsam zum Schwierigen vorarbeiten
- möglichst zwischen verschiedenen Stoffgebieten wechseln, d.h. nach Deutsch lieber Mathematik als Englisch lernen
- genügend Pausen zwischen einzelnen Lernschritten einlegen
- neues Wissen mit bereits Bekanntem verknüpfen
- neuen Lernstoff in regelmäßigen Abständen wiederholen
- möglichst viele Lernkanäle benutzen, indem man den Lernstoff z. B. aufschreibt, liest, selbst erzählt oder bildlich darstellt
- das Gelernte so oft wie möglich im Alltag anwenden
- für eine optimale Lernumgebung sorgen (vgl. S. 13 ff.)
- nach dem Lernen lieber toben als sich durch emotional aufwühlende PC-Spiele klicken, damit sich der Lernstoff besser im Gedächtnis verankern kann

Welcher Lerntyp ist mein Kind?

Jedes Kind lernt anders. Warum? Der Lernstoff, den wir aufnehmen, gelangt über die Sinnesorgane ins Gedächtnis. Da die Sinne je nach Erfahrung und Veranlagung bei jedem Kind unterschiedlich ausgeprägt sind, bedeutet dies, dass es unterschiedliche Lerntypen gibt. Wer weiß, welchen Sinn sein Kind beim Lernen bevorzugt, kennt seine Stärke und kann sie entsprechend fördern. Lernforscher unterscheiden drei Grundtypen des Lernens:

Info

Die drei häufigsten Lerntypen:

Der Sehtyp

Visuell begabte Kinder nehmen Informationen am besten auf, wenn sie optisch ansprechend aufbereitet sind – beispielsweise durch Skizzen, Bilder, Illustrationen, Filme, Dias und Grafiken.

Förderung:

Ermuntern Sie Ihr Kind, im Unterricht mitzuschreiben. Als Sehtyp, der ohnehin gerne liest, kann es sich Fakten so leicht merken. Achten Sie auch auf eine angenehme Lernumgebung, einen aufgeräumten Schreibtisch und darauf, dass Ihr Kind farbige Stifte, Textmarker, Mindmaps, Nachschlagewerke, Bücher, das Internet und optisch anspruchsvolle Lernhilfen benutzt. Mit regelmäßigen Besuchen in Buchhandlungen oder öffentlichen Büchereien schaffen Sie zusätzliche Lese- und Lernanreize.

Der Hörtyp
Auditiv lernende Kinder nehmen gehörte Informationen leicht auf, können sie gut behalten und ebenso gut wiedergeben. Vorgetragenes, Gedichte und Melodien prägen sich ihnen schnell ein, an Gesehenes hingegen können sie sich meist schlechter erinnern.

Förderung:

Bieten Sie Ihrem Kind an, Dinge, die es sich merken will, auf Kassette aufzusprechen, damit es sie sich anschließend mehrmals anhören kann. Auch lautes Vorlesen hilft ihm, sich Sachen zu merken. Gegenseitiges Abfragen im Familien- oder Freundeskreis ist eine seiner bevorzugten Lernmethoden. Da Hörtypen meist sehr geräuschempfindlich sind, sollten Sie für eine ruhige Lernumgebung sorgen.

Der Bewegungstyp
Der motorische Lerntyp ist praktisch veranlagt, lernt am besten durch eigenes Tun, Erleben und Experimentieren. „Lernen durch Handeln“ lautet die Maxime, nach der er eigenständige Erfahrungen macht und theoretisches Wissen am besten „begreift“.

Förderung:

Beziehen Sie, wo immer es geht, Bewegung und Handeln ins Üben ein. Lassen Sie Ihr Kind zum Beispiel beim Auswendiglernen im Zimmer auf und ab gehen oder neue Vokabeln mit ausholenden Bewegungen in die Luft malen.

Was für ein Lerntyp ist Ihr Kind? Markieren Sie die Aussagen, die auf Ihr Kind zutreffen. Der Buchstabe mit den meisten Kreuzen entspricht dem Lerntyp Ihres Kindes. Ist Ihr Kind ein Misch-Typ, gibt es meist trotzdem eine bevorzugte Rangfolge:

Kleiner Lerntypen-Test

- ☐ Mein Kind bewegt beim Lesen die Lippen. (H)
- ☐ Mein Kind gestikuliert viel beim Reden. (B)
- ☐ Mein Kind schaut sich gerne Bilder und Grafiken an. (S)
- ☐ Mein Kind kann Gehörtes gut nacherzählen. (H)
- ☐ Mein Kind mag Puzzle und spielt gerne Memory. (S)
- ☐ Mein Kind lernt Vokabeln, indem es sie aufsagt. (H)
- ☐ Mein Kind versteht Schaubilder erst nach Erklärung. (H)
- ☐ Mein Kind bastelt und experimentiert gerne. (B)
- ☐ Mein Kind kann beim Lernen nicht lange stillsitzen. (B)
- ☐ Mein Kind lernt am liebsten alleine. (S)
- ☐ Mein Kind merkt sich Gesichter eher als Namen. (S)
- ☐ Mein Kind prägt sich Erlebtes besser ein als Erzähltes. (B)
- ☐ Mein Kind mag Radio mehr als Fernsehen. (H)

S = Sehtyp H = Hörtyp B = Bewegungstyp

Auf das Umfeld kommt es an

Wie erfolgreich Ihr Kind in der Schule ist, hängt nicht zuletzt vom häuslichen Umfeld und der unmittelbaren familiären Lernsituation ab. Sie sollte geprägt sein von Offenheit, Toleranz, Gelassenheit, Anerkennung – und Vertrauen in die Fähigkeiten Ihres Kindes.
Je wohler sich Ihr Kind zu Hause fühlt, desto besser lernt es. Notendruck, familiäre Probleme, Versagensangst und mangelndes Interesse der Eltern am Schulgeschehen hingegen behindern die freie Entfaltung der natürlichen Lust am Lernen. Aufgabe der Eltern ist es also, Bedingungen zu schaffen, die es Ihrem Kind ermöglichen, seine Talente, Neigungen und Fähigkeiten entdecken und weiterentwickeln zu können.

Zu einer intakten Lernumgebung gehören
- ein geregelter Tagesablauf
- ein anregendes Lernumfeld
- viel Bewegung und eine gesunde Ernährung
- ein ruhiger Arbeitsplatz

Dem Tag eine Struktur geben

Wecken Sie Ihr Kind so, dass es genug Zeit zum Waschen, Anziehen und für das gemeinsame Frühstück hat. Den Ranzen sollte es bereits am Abend zuvor gepackt haben, sodass es am Morgen nur noch das Pausenfrühstück einpacken muss. Nach der Schule steht das Mittagessen und eine anschließende Pause zum Ausruhen oder Spielen auf dem Programm. Das Leistungshoch am Nachmittag sollte dazu genutzt werden, die Hausaufgaben zu machen, die je nach Dauer von einer oder mehreren Pausen unterbrochen sein sollten.
Der spätere Nachmittag gehört dann wieder dem Spiel, den Hobbys und der Freizeitgestaltung im- und außerhalb des Hauses. Das gemeinsame Abendessen bietet Gelegenheit zu einer familiären Gesprächsrunde, in der auch schulische Themen und Probleme besprochen werden können. Zeitiges Zubettgehen schließlich sorgt dafür, dass Ihr Kind am nächsten Morgen gut ausgeruht ist und dem Unterricht konzentriert folgen kann.
Wichtig: Ein geregelter Tagesrhythmus mit festen Lernzeiten gibt Ihrem Kind Sicherheit und Orientierung!

Lernanreize schaffen

Je mehr Anregungen und Gelegenheiten zum Üben und Vertiefen schulischer Lerninhalte das häusliche Umfeld bietet, desto intensiver und nachhaltiger beschäftigt sich Ihr Kind mit dem in der Schule vermittelten Wissen.

Dabei sollten sich Eltern stets ihrer Rolle als Vorbild bewusst sein: Gehören das Lesen von Zeitungen, Zeitschriften und Büchern, Gespräche über Schulereignisse und der Gedankenaustausch über interessante Themen zum Erfahrungsalltag des Kindes, begreift es die Aneignung von Wissen als Bereicherung und selbstverständlichen Bestandteil seines Lebens.
Zusätzlich unterstützen können Eltern die Neugierde und Lernfreude ihres Kindes, indem sie ihm Informationsquellen und Nachschlagewerke wie das Internet, Wörter- und Sachbücher sowie Lexika zur Verfügung stellen.

Info

Multimediales Kinderzimmer
Elektronische Medien sind ein fester Bestandteil unserer Arbeits-, Schul- und Freizeitwelt – und können das Lernen sowie die Erkundungskompetenz unterstützen. Eltern sollten ihrem Kind also einen zeitlich begrenzten, an den Lernzielen orientierten Zugriff auf PC-Programme und das Internet ermöglichen.

Bewegung und gesunde Ernährung

Ob in der Schule oder zu Hause: Zum aufmerksamen Zuhören und konzentrierten Lernen gehören auch eine gesunde Ernährung und viel Bewegung.
Achten Sie also darauf, dass Ihr Kind – vom Frühstück über das Pausenbrot bis zum Abendessen – mit allen wichtigen Nährstoffen, wie sie vollwertige Ernährung bietet, versorgt ist. Stimmt die Nährstoffbilanz, verfügt Ihr Kind über ausreichend Energie zum Lernen. Und: Natürlich steht einem Schokoriegel oder Snack am Ende eines anstrengenden Lernnachmittags nichts im Weg! Ähnliches gilt für das Thema Bewegung. Auch sie fördert die intellektuelle Entwicklung, die Leistungsfähigkeit und Konzentration, indem sie z. B. dafür sorgt, dass der Körper, insbesondere das Gehirn, gut durchblutet ist. Ihr Kind sollte sich also in seiner Freizeit und in den Lernpausen viel bewegen – am besten an der frischen Luft.

Der lernfreundliche Arbeitsplatz

Macht in den ersten Grundschuljahren ein Arbeitsplatz in der Nähe der Eltern, z.B. am Küchentisch, noch Sinn, so brauchen Kinder mit dem Wechsel auf die weiterführende Schule einen eigenen Schreibtisch, an dem sie – am besten im eigenen Zimmer – ungestört und konzentriert ihre Hausaufgaben erledigen können. Der Tisch sollte groß genug und aufgeräumt, um Ablenkung zu vermeiden. Wichtig: Damit sich Ihr Kind in seiner Arbeitsumgebung wohl fühlt, sollte auf gemütliche Accessoires wie Poster und Grünpflanzen nicht verzichtet werden.

Checkliste: Ist der eigene Arbeitsplatz richtig eingerichtet?

- ☐ Schreibtisch und Stuhl sind höhenverstellbar und erlauben bequemes Sitzen und Arbeiten.
- ☐ Utensilien wie Hefte, Schmierpapier, Stifte, Lineal, Spitzer, Radiergummi und Bücher sind in Unterschränken und Regalen leicht erreichbar.
- ☐ Es ist genügend Licht vorhanden - entweder in Form von Tageslicht oder durch eine helle Schreibtischlampe.
- ☐ Zur ausreichenden Sauerstoffversorgung wird der Raum regelmäßig gelüftet.
- ☐ Der Arbeitsplatz ist von Hektik und störenden Geräuschen, z. B. durch Telefon und Radio, abgeschirmt.
- ☐ Die Raumtemperatur beträgt ca. 20 °C.

Die Hausaufgaben

Natürlich steigen mit dem bevorstehenden Übertritt ins Gymnasium oder eine andere weiterführende Schule die Erwartungen und Anforderungen an Ihr Kind – auch in puncto Hausaufgaben. Sie haben den Zweck, das in der Schule Gelernte zu vertiefen, den Wissensstand zu überprüfen und zu selbstständigem Arbeiten anzuregen. Die Schulaufgaben sollten daher eigenständig, zügig, sorgfältig und vollständig gemacht werden.
Feste Zeiten und ein Plan, welche Aufgaben in welcher Reihenfolge erledigt werden, erleichtern Ihrem Kind den täglichen Umgang mit den „Schulis" – und sorgen dafür, dass noch genügend Zeit für andere Aktivitäten bleibt.
Grundsätzlich sollte Ihr Kind bei den Hausaufgaben ohne fremde Hilfe auskommen. Das schließt aber nicht aus, dass Sie ihm nicht dann und wann unter die Arme greifen. Tun Sie das aber grundsätzlich erst dann, wenn Ihr Kind Sie ausdrücklich um Unterstützung bittet – und verfahren Sie dann nach dem Prinzip der minimalen Hilfe.

Von minimal bis intensiv

Auf der Rangliste möglicher Hilfen steht das Gespräch an erster Stelle. Oft erledigt sich ein Problem dadurch, dass Ihr Kind es Ihnen gegenüber formuliert – und dabei ganz von selbst auf die Lösung kommt.
Der Tipp, doch im Lehrbuch oder in einem Lexikon nachzuschlagen, geht schon etwas weiter, bestärkt Ihr Kind aber in seiner Unabhängigkeit. Einen gezielten Lösungshinweis zu geben, um dem Kind auf die Sprünge zu helfen, ist wegen des Gewöhnungseffekts nur in Ausnahmefällen ratsam.
Noch vorsichtiger sollten Eltern mit der Möglichkeit umgehen, mehrere Arbeitsschritte gemeinsam zu vollziehen – zu groß ist die Gefahr, dass das Kind am Ende nur aufschreibt, was Mutter oder Vater ihm vorgeben.

Gänzlich verzichten sollten Eltern darauf, die gesamten Hausaufgaben zu kontrollieren oder gar zu verbessern. Damit tun sie nicht nur Ihrem Kind keinen Gefallen, sondern verhindern auch, dass sich der Lehrer ein objektives Bild vom Leistungsstand seiner Schüler machen kann – und nicht einschätzen kann, ob er mit dem Stoff fortfahren kann oder noch eine Übungsschleife einlegen muss.

→ Tipp

So klappt es mit den Hausaufgaben:

- Ermuntern Sie Ihr Kind zum Mitdenken im Unterricht. So prägt es sich den Lernstoff ein – und spart am Nachmittag Zeit bei den Hausaufgaben.
- Die Schulaufgaben gleich an dem Nachmittag erledigen, an dem der Stoff behandelt wurde. So ist er noch präsent und die Aufgaben gehen einfacher und schneller von der Hand.
- Nach etwa 45 Minuten konzentriertem Lernen sollte eine fünf- bis zehnminütige Pause eingelegt werden, in der sich Ihr Kind bewegt, frische Luft schnappt und etwas trinkt.

Lernblockaden

Auch fleißigen und begabten Schülern kann es passieren: Schlech-te Noten und schulische Misserfolge kratzen am Selbstbewusstsein, die Motivation sinkt, der Stresspegel steigt, blockiert das Lernen – und läutet so geradewegs die nächste Niederlage ein. „Lernblockade" nennen Fachleute diesen Teufelskreis, von einem „Knoten im Kopf" sprechen betroffene Kinder.

Symptome erkennen und richtig reagieren

Zunächst einmal geht es darum, die Symptome einer Lernblockade zu erkennen. Typische Merkmale sind Versagensängste (z. B. vor Klassenarbeiten), anhaltende Lern- und Schulunlust, häufiges körperliches Unwohlsein (z. B. Kopf- oder Bauchweh am Morgen), Selbstzweifel, permanenter Hausaufgabenstress, Konzentrationsstörungen, mangelnde Ausdauer oder Aggressivität.
Um Lernblockaden zu stoppen und den Spaß am Lernen in Ihrem Kind neu zu wecken, müssen die individuellen Ursachen des Problems erkannt und behoben werden. Klar ist, dass ein Hochschrauben der Leistungserwartungen und der damit verbundene Erfolgsdruck den Stress nur vergrößern – und somit kein geeignetes Mittel darstellen.
Ist die Lernblockade auf ein zu hohes Unterrichtstempo, schlecht aufbereiteten Lernstoff, längere Fehlzeiten und dadurch bedingte Verständnis- und Wissenslücken zurückzuführen, sollten Sie mit dem Klassenlehrer über eine Verbesserung der Lernbedingungen sowie den Einsatz spezieller Lernhilfen und Förderprogramme bis hin zu Nachhilfestunden sprechen. Wichtig: Prüfen Sie sorgfältig, ob die Lernblockade auf einer grundlegenden Über- bzw. Unterforderung Ihres Kindes beruht und ziehen Sie bei Zweifeln Ihren Kinderarzt, einen Beratungslehrer oder Schulpsychologen hinzu.

Bei Blockaden aufgrund falschen Lernverhaltens sollten Sie sowohl die Arbeitsbedingungen als auch die Lernstrategien Ihres Kindes unter die Lupe nehmen und bei Bedarf optimieren (vgl. S. 10 ff.).
Lernblockaden, Denkhemmungen und eine nach unten zeigende Leistungskurve stellen nicht nur für das Kind selbst, sondern auch für betroffene Eltern eine große Belastung und Herausforderung dar. So gelingt es Ihnen, umsichtig und gelassen mit Lernblockaden umzugehen:

→ Tipp

Genau beobachten
Wo Stress beim Lernen an der Tagesordnung ist, geht der Blick für das, was positiv ist, leicht verloren. Lenken Sie daher Ihre Aufmerksamkeit auf die Stärken Ihres Kindes und beobachten Sie sein Lernverhalten genau: Wie und wann lernt mein Kind? Was mag es, was nicht? Wofür strengt es sich an und welche seiner Stärken sind nützlich fürs Lernen?

Fortschritte loben
Loben Sie Ihr Kind mindestens einmal am Tag für etwas Positives, z. B. bei den Hausaufgaben. Tipp: Führen Sie ein Lobbuch, in dem Sie festhalten, worüber Sie sich gefreut haben – und teilen Sie diese Freude mit Ihrem Kind.

Erfolge festigen
Hat Ihr Kind Fortschritte gemacht, indem es z.B. sein Hausaufgabenheft ordentlich führt, die vereinbarten Lernzeiten einhält oder den Gebrauch von Hilfsmitteln wie Lexika, Wörterbücher oder Internet übt, halten Sie weiterhin am Vorrang des Lobs vor der Kritik fest. Nur so verselbstständigt sich der Erfolg und wird, neben dem Spaß, zum eigentlichen Motor des Lernens.

Was tun bei schlechten Noten?

Nicht die einzelne Note zählt, sondern die Entwicklung der Zensuren über einen längeren Zeitraum. Für Eltern kommt es also darauf an, einen möglichen schulischen Leistungsabfall rechtzeitig zu erkennen und – unabhängig von langfristigen Strategien, z.B. in Form von zusätzlichen Lernangeboten oder Nachhilfe – unmittelbar und angemessen zu reagieren. Dazu gehört vor allem ein ausführliches Gespräch mit dem Kind, in dem es seine Schwierigkeiten beschreibt und Vorschläge macht, wie es seine Noten verbessern könnte. Da Kinder schlechte Noten ohnehin als Niederlage empfinden, sollten Eltern auf Schuldzuweisungen und Vorwürfe verzichten – und ihm stattdessen ihre Hilfe anbieten.

→ Tipp

So klappt es mit den Noten

Reagieren Sie nicht erst, wenn ein Problem auftaucht, sondern sprechen Sie regelmäßig mit Ihrem Kind und seinen Lehrern über die Lernsituation zu Hause und in der Schule. Und seien Sie zuversichtlich: Eine verpatzte Arbeit ist noch lange kein Drama.

WICHTIG: Sollte Ihr Kind aufgrund seiner Noten den Wechsel aufs Gymnasium am Ende von Klasse 4 nicht schaffen, ist das kein Beinbruch! Die Durchlässigkeit unseres Schulsystems erlaubt es ihm, das Abitur später immer noch zu erreichen.

Seiten 17–18

1. Pro Zahl **1 P.**

a) 423 **c)** 458 **e)** 482
b) 434 **d)** 468 **f)** 483

2. Pro Zahl **1 P.**

201									
	212								
							248		250
281									
								299	

601									
	612								
							648		650
681									
								699	

3. Für jede richtige Entscheidung, ob eine Zahl ins Hunderterfeld passt, **1 P.** Für das richtige Einzeichnen ins Hunderterfeld pro Zahl **1 P.** Für das richtige Sortieren nach Größe **1 P.**
a) Folgende Zahlen lassen sich zuordnen: achthundertvierzig, achthunderteins, achthundertneunundvierzig, neunhundert. Folgende Zahlen lassen sich nicht zuordnen: achthundert, neunhunderteins.
b) 800 < 801 < 840 < 849 < 900 < 901

4. Für jede richtig zugeordnete Zahl **1 P.** Für jedes richtig dargestellte Zahlenbild **1 P.**
a) sechshundertneun – c)
vierhundertzweiunddreißig – b)
dreihundertvierundzwanzig – a)
b)
neunhundertsechsundsechzig:
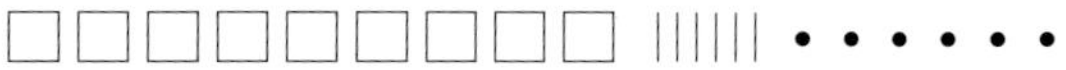
achtundsiebzig: 

5. a) Pro Zeile **1 P.**

H	Z	E	Zahl
1	2	2	122
2	0	2	202
2	4	0	240
	5	6	56
1	3	2	132
2	3	3	233

b) Für die richtige Zahldarstellung **1 P.** Für die richtige Zahl **1 P.**

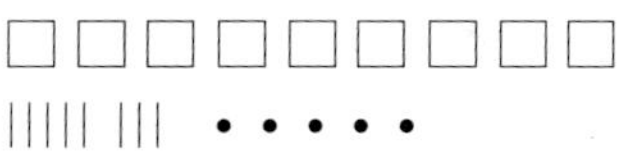
neunhunderfünfundachtzig

Noten-Übersicht für die Klassenarbeit „Zahldarstellungen“:

Punkte	Note
40–39	1
38–37	1,5
36–34	2
33–30	2,5
29–26	3
25–23	3,5
22–20	4
19–14	4,5
13–8	5
7–4	5,5
3–0	6

Seiten 19–20

1. Für jeden Pfeil **1 P.**

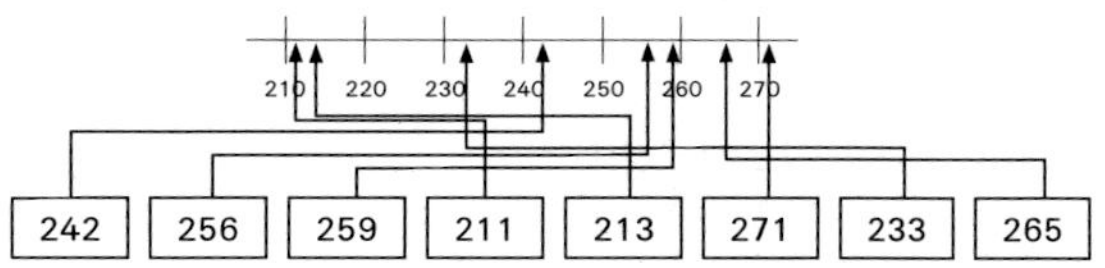

zu den Seiten 19–20:

2. Für jede Zahl **1P.**
a) 725 **b)** 775 **c)** 800 **d)** 825 **e)** 850

3. Für jede Zahl **1P.**
Die Zahlen **b)** 875 und **c)** 945 passen nicht in den Bereich des Zahlenstrahls.

4. Für jede Zahl **1P.**
a) 95 **b)** 125 **c)** 130 **d)** 162 **e)** 167

5. Für jede Zahl **1P.** Diese Zahlen haben die Quersumme 7: 241, 232, 223, 214, 205, 250. Darstellung im Hunderterfeld siehe Lösung zu Aufgabe 6.

6. Pro Zahl **1P.** Diese Zahlen bilden mit den Zahlen aus Aufgabe 5 ein Dach: 206, 217, 228, 239. Im Hunderterfeld sind die Zahlen aus Aufgabe 5 grau markiert.

201				205	206				
			214			217			
		223					228		
	232							239	
241									250

7. Für jedes richtige Zahlenfeld **1P.**

a) 746	**f)** 723	**k)** 764
b) 736	**g)** 733	**l)** 765
c) 726	**h)** 743	**m)** 766
d) 725	**i)** 753	**n)** 767
e) 724	**j)** 763	**o)** 768

		723	724	725	726				
		733			736				
		743		745	746				
		753							
		763	764	765	766	767	768		

8.
a) 401 + 99 = 500 **c)** 17 + 83 = 100
b) 779 + 21 = 800 **d)** 73 + 27 = 100

Noten-Übersicht für die Klassenarbeit: „Zahlenstrahl und Orientierungsübung":

Punkte	Note
49–48	1
47–45	1,5
44–42	2
41–37	2,5
36–32	3
31–28	3,5
27–25	4
24–17	4,5
16–10	5
9–5	5,5
4–0	6

Seiten 21–22

1. Für jede Rechnung **1 P.**
370 + 86 = 456
380 + 76 = 456
376 + 80 = 456
386 + 70 = 456

2. Für jede Rechnung **1 P.**

$$\begin{array}{r} 123 \\ +\ 79 \\ {\scriptstyle 11} \\ \hline 202 \end{array} \quad \begin{array}{r} 202 \\ +\ 79 \\ {\scriptstyle 1} \\ \hline 281 \end{array} \quad \begin{array}{r} 281 \\ +\ 79 \\ {\scriptstyle 11} \\ \hline 360 \end{array} \quad \begin{array}{r} 360 \\ +\ 79 \\ {\scriptstyle 1} \\ \hline 439 \end{array}$$

$$\begin{array}{r} 439 \\ +\ 79 \\ {\scriptstyle 11} \\ \hline 518 \end{array} \quad \begin{array}{r} 518 \\ +\ 79 \\ {\scriptstyle 1} \\ \hline 597 \end{array} \quad \begin{array}{r} 597 \\ +\ 79 \\ {\scriptstyle 11} \\ \hline 676 \end{array}$$

3. Für jede Teilaufgabe **1 P.**

a) 599 + 36 (Überträge: 1 1) = 635
b) 599 + 136 (Überträge: 1 1) = 735
c) 599 + 40 (Übertrag: 1) = 639
d) 599 + 150 (Übertrag: 1) = 749
e) 599 + 246 (Überträge: 1 1) = 845

4. Für jede Zuordnung **1 P.** und für jede Rechnung **1 P.**

200 + 500 → b) 207 + 511 = 718
300 + 400 → c) 293 + 399 = 692
500 + 300 → d) 506 + 288 = 794
600 + 100 → a) 587 + 104 = 691

5. Für jede Rechnung **1 P.**

a) 346 − 223 = 123
b) 566 − 333 = 233
c) 721 − 410 = 311
d) 546 − 257 (Überträge: 1 1) = 289 oder: 546 (5 → 4, 4 → 3) − 257 = 289
e) 266 − 179 (Überträge: 1 1) = 87 oder: 266 (2 → 1, 6 → 5) − 179 = 87
f) 721 − 69 (Überträge: 1 1) = 652 oder: 721 (7 → 6, 2 → 1) − 69 = 652

6. Für jede Rechnung **1 P.**

927 − 145 (Übertrag: 1) = 782
782 − 145 (Übertrag: 1) = 637
637 − 145 (Übertrag: 1) = 492
492 − 145 (Übertrag: 1) = 347
347 − 145 = 202
202 − 145 (Überträge: 1 1) = 57

zu **6.**
oder:

927 (9 → 8) − 145 = 782
782 (8 → 7) − 145 = 637
637 (6 → 5) − 145 = 492
492 (9 → 8) − 145 = 347
347 − 145 = 202
202 (2 → 1, 0 → 9) − 145 = 57

7. Für jede Rechnung **1 P.**

975 − 123 = 852
975 − 132 = 843
975 − 213 = 762
975 − 231 = 744
975 − 312 = 663
975 − 321 = 654

8. Für jede Rechnung **1 P.**

a) 527 − 305 = 222
b) 347 − 161 (Übertrag: 1) = 186
c) 480 − 203 (Übertrag: 1) = 277
d) 309 − 129 (Übertrag: 1) = 180

oder:

527 − 305 = 222
347 (3 → 2) − 161 = 186
480 (8 → 7) − 203 = 277
309 (3 → 2) − 129 = 180

Noten-Übersicht für die Klassenarbeit: „Addition und Subtraktion":

Punkte	Note
46–45	1
44–43	1,5
42–39	2
38–35	2,5
34–30	3
29–27	3,5
26–23	4
22–16	4,5
15–9	5
8–5	5,5
4–0	6

Seiten 23–24

1. Für jede Aufgabe **1 P.**

a) $4 \cdot 12 = 48$ **c)** $3 \cdot 12 = 36$

b) $8 \cdot 12 = 96$ **d)** $6 \cdot 12 = 72$

2. Für jede Aufgabe **1 P.**

a) $24 : 12 = 2$ **c)** $72 : 12 = 6$

b) $60 : 12 = 5$ **d)** $120 : 12 = 10$

3. Für jede Aufgabe **1 P.**

a) 3 $\xrightarrow{\cdot 4}$ 12 $\xrightarrow{\cdot 2}$ 24 $\xrightarrow{: 8}$ 3

b) 7 $\xrightarrow{\cdot 4}$ 28 $\xrightarrow{\cdot 2}$ 56 $\xrightarrow{: 8}$ 7

c) 5 $\xrightarrow{\cdot 2}$ 10 $\xrightarrow{\cdot 4}$ 40 $\xrightarrow{: 8}$ 5

4. Für jede Aufgabe **1 P.**

a) $7 \cdot 107 = 749$
$7 \cdot 100 = 700$
$7 \cdot 7 = 49$

d) $3 \cdot 287 = 861$
$3 \cdot 200 = 600$
$3 \cdot 80 = 240$
$3 \cdot 7 = 21$

b) $8 \cdot 94 = 752$
$8 \cdot 90 = 720$
$8 \cdot 4 = 32$

e) $4 \cdot 215 = 860$
$4 \cdot 200 = 800$
$4 \cdot 10 = 40$
$4 \cdot 5 = 20$

c) $6 \cdot 125 = 750$
$6 \cdot 100 = 600$
$6 \cdot 20 = 120$
$6 \cdot 5 = 30$

f) $5 \cdot 172 = 860$
$5 \cdot 100 = 500$
$5 \cdot 70 = 350$
$5 \cdot 2 = 10$

5. Für jede Aufgabe **1 P.**

a) $328 \cdot 3 = 984$
$300 \cdot 3 = 900$
$20 \cdot 3 = 60$
$8 \cdot 3 = 24$

c) $164 \cdot 6 = 984$
$100 \cdot 6 = 600$
$60 \cdot 6 = 360$
$4 \cdot 6 = 24$

b) $246 \cdot 4 = 984$
$200 \cdot 4 = 800$
$40 \cdot 4 = 160$
$6 \cdot 4 = 24$

6. Für jede Teilaufgabe **2 P.**

a) $623 : 7 = 89$
$560 : 7 = 80$
$63 : 7 = 9$

$630 : 7 = 90$

c) $258 : 3 = 86$
$240 : 3 = 80$
$18 : 3 = 6$

$258 : 6 = 43$

b) $548 : 4 = 137$
$400 : 4 = 100$
$120 : 4 = 30$
$28 : 4 = 7$

$548 : 2 = 274$

7. Für jede Aufgabe **1 P.**

$357 : 3 = 119$
$330 : 3 = 110$
$27 : 3 = 9$

$375 : 3 = 125$
$360 : 3 = 120$
$15 : 3 = 5$

$537 : 3 = 179$
$300 : 3 = 100$
$210 : 3 = 70$
$27 : 3 = 9$

$573 : 3 = 191$
$300 : 3 = 100$
$270 : 3 = 90$
$3 : 3 = 1$

$735 : 3 = 245$
$600 : 3 = 200$
$120 : 3 = 40$
$15 : 3 = 5$

$753 : 3 = 251$
$600 : 3 = 200$
$150 : 3 = 50$
$3 : 3 = 1$

8. Für jede Aufgabe **1 P.**

$759 : 3 = 253$
$600 : 3 = 200$
$150 : 3 = 50$
$9 : 3 = 3$

$759 : 4 = 189$ R3
$400 : 4 = 100$
$320 : 4 = 80$
$36 : 4 = 9$

$759 : 5 = 151$ R4
$500 : 5 = 100$
$250 : 5 = 50$
$5 : 5 = 1$

$759 : 6 = 126$ R3
$600 : 6 = 100$
$120 : 6 = 20$
$36 : 6 = 6$

Noten-Übersicht für die Klassenarbeit: „Multiplikation und Division“:

Punkte	Note
36–35	1
34	1,5
33–31	2
30–27	2,5
26–24	3
23–21	3,5
20–18	4
17–13	4,5
12–7	5
6–4	5,5
3–0	6

Seiten 25–26

1. Für jede ergänzte Zahl **1 P.**
a) 15, 18, 21, 24, 27, 30, 33, 36
b) 15, 21, 27, 33, 39, 45, 51, 57
c) 15, 18, 24, 27, 33, 36, 42, 45
d) 15, 21, 24, 30, 33, 39, 42, 48

2. Für jede Zahl **1 P.** Für jede Regel **1 P.**
a) 7, 14, 28, 56, 112, 224
Regel: Immer das Doppelte.
b) 64, 32, 16, 8, 4
Regel: Immer die Hälfte.
c) 11, 21, 31, 41, 51
Regel: Immer 10 mehr.
d) 113, 100, 97, 94, 91
Regel: Immer 3 weniger.

3. Für jede Zahl **1 P.**
a) 2, 6, 18, 54, 162
b) 1, 3, 9, 27, 81
c) 3, 9, 27, 81, 243

4. Für jede Zuordnung **1 P.**
a) 280, 320, 300, 340, 320, 360
b) 20, 0, 40, 20, 60, 40
c) 300, 260, 280, 240, 260, 220
d) 120, 140, 100, 120, 80, 100

5. Für jede Teilaufgabe **1 P.**
a) 17 · 2 = 34 **b)** 17 − 2 = 15
c) 17 + 2 = 19 **e)** 125 : 5 = 25
d) 250 : 2 = 125 **f)** 25 · 2 = 50

6. Für jede Teilaufgabe **1 P.**
a) 4 · 7 = 30 − 2
b) 26 : 2 = 10 + 3
c) 100 : 4 = 5 · 5
d) 500 − 10 = 70 · 7
e) 1 000 − 1 = 900 + 99
f) 350 : 5 = 35 · 2

7. Für jede gestrichene Zahl **1 P.**
a) 51 **b)** 70

8. Für jede Teilaufgabe **2 P.**

a)		b)
7 · 139 = 973		852 : 4 = 213
7 · 100 = 700		800 : 4 = 200
7 · 30 = 210		40 : 4 = 10
7 · 9 = 63		12 : 4 = 3

Noten-Übersicht für die Klassenarbeit: „Zahlenfolgen und Knobeleien“:

Punkte	Note
60–59	1
58–56	1,5
55–51	2
50–45	2,5
44–40	3
39–35	3,5
34–30	4
29–21	4,5
20–12	5
11–6	5,5
5–0	6

Seiten 27–28

1. Für Teilaufgabe **a) 3 P.**; für Teilaufgabe **b) 1 P.**
a) 207 = □ □ • • • • • • •
396 = □ □ □ ||||| |||| • • • • • •
84 = ||||| ||| • • • •

b) Die übrigen Symbole stellen die Zahl 210 dar.

zu den Seiten 27 – 28:

2. Für jeden Pfeil **1 P.**

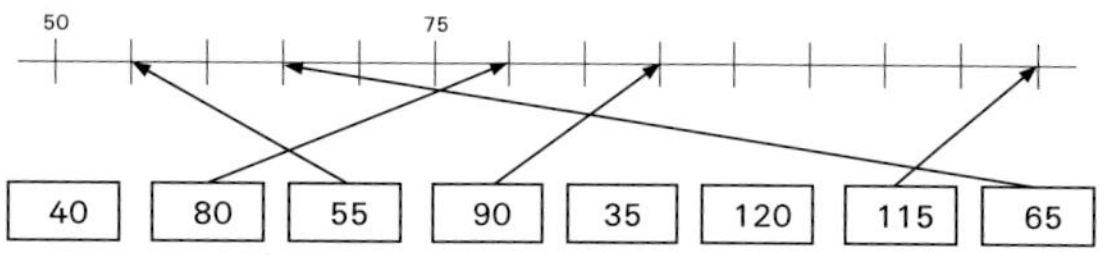

3. Für Teilaufgabe **a) 7 P.**; für Teilaufgabe **b) 4 P.** Die Lösung der Teilaufgabe **b)** ist grau markiert.

			404						
		413							
	422								
431		433	434	435	436				
	442								
		453							
			464						

4. Für jede Rechnung gibt es **1 P.**

$$\begin{array}{r} 220 \\ +\ 36 \\ \hline 256 \end{array} \qquad \begin{array}{r} 256 \\ +\ 36 \\ {\scriptstyle 1} \\ \hline 292 \end{array} \qquad \begin{array}{r} 292 \\ +\ 36 \\ {\scriptstyle 1} \\ \hline 328 \end{array}$$

$$\begin{array}{r} 328 \\ +\ 36 \\ {\scriptstyle 1} \\ \hline 364 \end{array} \qquad \begin{array}{r} 364 \\ +\ 36 \\ {\scriptstyle 1\,1} \\ \hline 400 \end{array}$$

5. Für jede Rechnung gibt es **1 P.**

$$\begin{array}{r} 440 \\ -\ 48 \\ {\scriptstyle 1\,1} \\ \hline 392 \end{array} \quad \text{oder:} \quad \begin{array}{r} {\scriptstyle 3\,3} \\ 440 \\ -\ 48 \\ \hline 392 \end{array}$$

$$\begin{array}{r} 392 \\ -\ 48 \\ {\scriptstyle 1} \\ \hline 344 \end{array} \quad \text{oder:} \quad \begin{array}{r} {\scriptstyle 8} \\ 392 \\ -\ 48 \\ \hline 344 \end{array}$$

$$\begin{array}{r} 344 \\ -\ 48 \\ {\scriptstyle 1\,1} \\ \hline 296 \end{array} \quad \text{oder:} \quad \begin{array}{r} {\scriptstyle 2\,3} \\ 344 \\ -\ 48 \\ \hline 296 \end{array}$$

$$\begin{array}{r} 296 \\ -\ 48 \\ {\scriptstyle 1} \\ \hline 248 \end{array} \quad \text{oder:} \quad \begin{array}{r} {\scriptstyle 8} \\ 296 \\ -\ 48 \\ \hline 248 \end{array}$$

$$\begin{array}{r} 248 \\ -\ 48 \\ \hline 200 \end{array}$$

6. Für jede Aufgabe **1 P.**

268 : 4 = 67
240 : 4 = 60
28 : 4 = 7

286 : 4 = 71 R2
280 : 4 = 70
4 : 4 = 1

628 : 4 = 157
600 : 4 = 150
28 : 4 = 7

682 : 4 = 170 R2
600 : 4 = 150
80 : 4 = 20

826 : 4 = 206 R2
800 : 4 = 200
24 : 4 = 6

862 : 4 = 215 R2
800 : 4 = 200
40 : 4 = 10
20 : 4 = 5

U:
67 · 4 = 268
60 · 4 = 240
7 · 4 = 28

U:
157 · 4 = 628
100 · 4 = 400
50 · 4 = 200
7 · 4 = 28

7. Für jede Teilaufgabe **1 P.**

a) 1, 2, 4, 7, 11
b) 10, 11, 13, 16, 20
c) 100, 101, 103, 106, 110

Noten-Übersicht für die Klassenarbeit: „Arithmetik, vermischte Aufgaben“:

Punkte	Note
41 – 40	1
39 – 38	1,5
37 – 35	2
34 – 31	2,5
30 – 27	3
26 – 24	3,5
23 – 21	4
20 – 14	4,5
13 – 8	5
7 – 4	5,5
3 – 0	6

Seiten 29–30

1. 7 P. (**1 P.** für jeden Eintrag)

€	10 ct	1 ct
7	0	0
0	3	0
0	0	7
3	8	0
1	2	6
3	5	4
2	1	5

2. A – 1,68 € **1 P.**
B – 8,61 € **1 P.**
C – 6,90 € **1 P.**

3. 8 P. (**1 P.** für jeden Eintrag in der Stellenwerttafel und **1 P.** für jede Teilaufgabe)

10 €	1 €	10 ct	1 ct
0	7	3	0
1	7	0	0
6	0	0	4
2	0	1	0

a) 7,30 €
b) 17,00 €
c) 60,04 €
d) 20,10 €

4. 8 P. (**1 P.** je richtige Maßumwandlung, **1 P.** für das richtige Sortieren nach Größen)
0,50 € < 1,50 € < 2,33 € < 7,45 € < 8,04 € < 16,00 € < 18,08 €

5. 4 P. (**1 P.** für jeden richtigen Eintrag)

20 €	10 €	5 €	2 €	1 €
			1	1
		1		1
1			2	
	1	1	2	

50 ct	20 ct	10 ct	5 ct	2 ct	1 ct
1		1			
1				2	
			1	1	
		1	1	2	

6. Für jede Teilaufgabe gibt es **1 P.**
a) 2 € und 18 ct = 2,18 €
b) 116 € und 7 ct = 116,07 €
c) 113 ct = 1,13 €
d) 29 ct = 0,29 €

7. Für jede Teilaufgabe gibt es **1 P.**
1 € 100 ct = 2 €
10 € 10 ct = 10,10 €
100 € 1 ct = 100,01 €

8. Für jede Teilaufgabe gibt es **1 P.**
a) 200 ct
b) 1 000 ct
c) 701 ct
d) 17 ct
e) 404 ct

Notenübersicht für die Klassenarbeit: „Darstellung von Geldbeträgen“:

Punkte	Note
42–41	1
40–39	1,5
38–36	2
35–32	2,5
31–28	3
27–24	3,5
23–21	4
20–15	4,5
14–8	5
7–4	5,5
3–0	6

Seiten 31–32

1. Für jede Teilaufgabe gibt es **1 P.**
a) 14 €
b) 7 €
c) 4,40 €
d) 8,50 €
e) 12,90 €
f) 17,60 €

2. Für jede Teilaufgabe gibt es **1 P.**
a) 400 €
b) 350 €
c) 320 €
d) 225 €
e) 165 €

zu den Seiten 31 – 32:

3. a) 460 € + 40 € = 500 € **1 P.**
Ich brauche 2 Scheine. **1 P.**
b) 300 € + 200 € = 500 € **1 P.**
Ich brauche 1 Schein. **1 P.**
c) 200 € + 300 € = 500 € **1 P.**
Ich brauche 2 Scheine. **1 P.**
d) 350 € + 150 € = 500 € **1 P.**
Ich brauche 2 Scheine. **1 P.**
e) 370 € + 130 € = 500 € **1 P.**
Ich brauche 3 Scheine. **1 P.**
f) 105 € + 395 € = 500 € **1 P.**
Ich brauche 6 Scheine. **1 P.**

4. 4 P. (**1 P.** für jede Zahl)
1,10 € + 2,40 € + 1,25 € + 0,25 € = 5,00 €

5. 5 P. (**1 P.** für jeden richtigen Eintrag)

Eis (Kugel)	1	2	4	8	3	7
Preis (€)	0,70	1,40	2,80	5,60	2,10	4,90

6. Für jede Teilaufgabe gibt es **1 P.**
a) 2 · 90 ct = 180 ct (im Kopf gerechnet)
b) 5 · 1,24 € = 6,20 €
5 · 1,00 € = 5,00 €
5 · 0,20 € = 1,00 €
5 · 0,04 € = 0,20 €

c) 7 · 3,07 € = 21,49 €
7 · 3,00 € = 21,00 €
7 · 0,07 € = 0,49 €

d) 8 · 96 ct = 768 ct
8 · 90 ct = 720 ct
8 · 6 ct = 48 ct

7. Für jede Teilaufgabe gibt es **1 P.**
a) 4,08 € : 6 = 0,68 €
3,60 € : 6 = 0,60 €
0,48 € : 6 = 0,08 €

b) 5,22 € : 9 = 0,58 €
4,50 € : 9 = 0,50 €
0,72 € : 9 = 0,08 €

8. Für jede Teilaufgabe gibt es **1 P.**
a) 87 € und 124 € ≈ 200 €
b) 55 € und 21 € und 133 € ≈ 200 €
c) 212 € und 301 € und 45 € ≈ 550 €

Noten-Übersicht für die Klassenarbeit: „Umgang mit Geld“:

Punkte	Note
41 – 40	1
39 – 38	1,5
37 – 35	2
34 – 31	2,5
30 – 27	3
26 – 24	3,5
23 – 21	4
20 – 14	4,5
13 – 8	5
7 – 4	5,5
3 – 0	6

Seiten 33–34

1. 9 P. (**1 P.** für jede richtige Messung, **1 P.** für jeden richtigen Eintrag in die Tabelle und **1 P.** für das Sortieren nach Größen)
a) 28 mm
b) 25 mm
c) 27 mm
d) 30 mm

cm	mm	nur mm
2	5	25
2	7	27
2	8	28
3	0	30

2. 8 P. (für jede richtige Zeichnung gibt es **1 P.** und für jeden richtigen Eintrag in die Tabelle je **1 P.**)

nur mm
32
23
45
69

3. 6 P. (**1 P.** für jede richtige Entscheidung.) In die 9 cm lange Schraubenkiste passen die Schrauben a), c), d) und f). Nicht hinein passen die Schrauben b) und e).

4. Für jede Teilaufgabe gibt es **1 P.**
a) 9 cm + 1 cm = 10 cm
b) 65 mm + 35 mm = 10 cm
c) 4 cm 4 mm + 5 cm 6 mm = 10 cm
d) 8 cm 8 mm + 1 cm 2 mm = 10 cm

5. Für jede Teilaufgabe gibt es **1 P.**
a) 2 m 20 cm = 2,20 m
b) 4 m 15 cm = 4,15 m
c) 3 m 79 cm = 3,79 m
d) 3 m 4 cm = 3,04 m

6. Für jede Teilaufgabe gibt es **1 P.**
a) 2,08 m = 208 cm
b) 3 m = 300 cm
c) 7,20 m = 720 cm
d) 0,35 m = 35 cm

7. Für jede Teilaufgabe gibt es **1 P.**
a) 3,50 m + 6,30 m = 9,80 m
b) 5,30 m + 4,50 m = 9,80 m
c) 7,20 m − 4,30 m = 2,90 m
d) 6,30 m − 3,40 m = 2,90 m

8. Für jede Teilaufgabe gibt es **1 P.**
a) Länge eines Schreibtisches: 1,80 m
b) Länge eines Schulhauses: 32 m
c) Marienkäfer 6 mm
d) Strecke Köln-Dresden 600 km

9. 6 P. (**1 P.** für jeden richtigen Eintrag)

1 km	100 m	10 m	1 m
9	9	0	0
2	2	5	0
4	3	1	2
7	4	0	1
5	0	2	2
0	7	0	7

Noten-Übersicht für die Klassenarbeit: „Umgang mit Längen“:

Punkte	Note
49–48	1
47–45	1,5
44–42	2
41–37	2,5
36–32	3
31–28	3,5
27–25	4
24–17	4,5
16–10	5
9–5	5,5
4–0	6

Seiten 35–36

1. Für jeden richtigen Eintrag in die Stellenwerttafel gibt es **1 P.**

1 kg	100 g	10 g	1 g
0	0	2	0
0	0	0	8
0	1	3	0
0	2	3	2
0	0	4	1
0	5	9	8
1	0	1	2
0	0	9	0

2. a) 700 g < 987 g < 1 001 g < 1 kg 11 g < 7 kg < 13 kg 400 g **1 P.**
b) Für jede richtige Entscheidung gibt es **1 P.** (**6 P.** insgesamt).
Diese Gegenstände passen zu den Gewichtsangaben aus Aufgabe 2. a): 5 Äpfel, Computerbildschirm, Brot, 2 volle Schulranzen. Diese Gegenstände solltest du durchgestrichen haben: Schulbus, Feder.

3. Für jede richtig ausgefüllte Lücke gibt es **1 P.** (**6 P.** insgesamt)

30 g	444 g	88 g	6 kg
+ 2 kg 20 g	+ 14 g	+ 1 g	+ 3 kg 50 g
+ 2 kg 950 g	+ 542 g	+ 411 g	+ 950 g
5 kg	1 kg	500 g	10 kg

zu den Seiten 35 – 36:

4 g	100 g
+ 41 g	+ 13 g
+ 55 g	+ 137 g
100 g	250 g

4. Für jeden richtigen Eintrag in die Tabelle gibt es **1 P.** Für die Rechnung und die Antwort insgesamt **1 P.**

1 kg	100 g	10 g	1 g
0	5	0	0
0	3	0	0
1	0	0	0
0	2	5	0
2	0	5	0

Antwort: Die Sachen wiegen zusammen 2 kg und 50 g.

5. Für jede richtige Zuordnung gibt es **1 P.**, für das Sortieren nach Größe **1 P.**

a) Auto – 1 t 350 kg
Meerschweinchen – 1 000 g
Schulranzen – 3 kg
Blatt Papier – 12 g
Flugzeug – 280 t

b) 12 g < 1 000 g < 3 kg < 1 t 350 kg < 280 t

6. Für jede richtige Maßeinheit gibt es **1 P.**
Kakaoflasche: 300 g
halbe Tafel Schokolade: 50 g
Kasten Wasser: 6 kg
Elefant: 5 t

Noten-Übersicht für die Klassenarbeit: „Umgang mit Gewichten“:

Punkte	Note
36 – 35	1
34 – 33	1,5
32 – 31	2
30 – 27	2,5
26 – 24	3
23 – 21	3,5
20 – 18	4
17 – 13	4,5
12 – 7	5
6 – 4	5,5
3 – 0	6

Seiten 37–38

1. Für jede Teilaufgabe gibt es **1 P.**
a) 3 min = 180 s
b) 6 min = 360 s
c) 9 min = 540 s
d) 4 min = 240 s
e) 8 min = 480 s
f) 12 min = 720 s

2. Für jede Teilaufgabe gibt es **1 P.**
a) 300 s = 5 min
b) 420 s = 7 min
c) 120 s = 2 min

3. Für jeden richtigen Eintrag gibt es **1 P.** (**16 P.** insgesamt)

h und min	min	min bis zur nächsten vollen Stunde
1 h 20 min	80 min	40 min
1 h 35 min	95 min	25 min
0 h 13 min	13 min	47 min
2 h 3 min	123 min	57 min
2 h 2 min	122 min	58 min
3 h 40 min	220 min	20 min
2 h 22 min	142 min	38 min
2 h 27 min	147 min	33 min

4. Für jede Teilaufgabe gibt es **1 P.**
a) 600 min = 10 h 0 min
b) 300 min = 5 h 0 min

c) 150 min = 2 h 30 min
d) 660 min = 11 h 0 min
e) 330 min = 5 h 30 min

5. Für jeden richtigen Eintrag in die Tabelle gibt es **1 P.** (**2 P.** insgesamt)

Strecke (km)	20 km	40 km	100 km
Fahrtzeit (h)	12 min	24 min	60 min

6. a) Rechnung: 3 min + $\frac{1}{4}$ h + 7 min + 1 h 30 min = 1 h und 55 min **1 P.**
Frühstückspause! Bis dahin sind es 1 h und 55 min. **1 P.**

b)

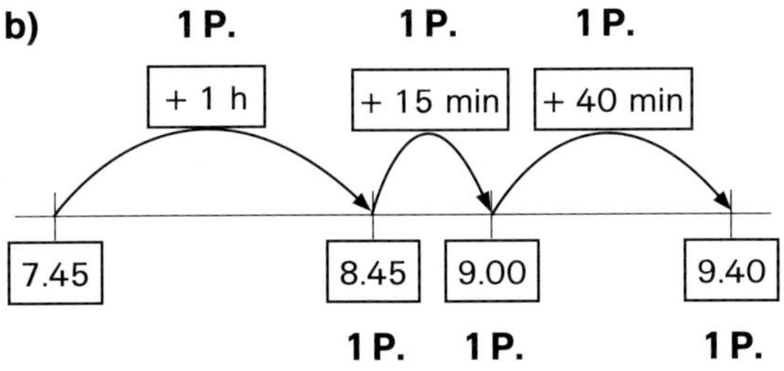

Antwort: Die Frühstückspause beginnt um 9.40 Uhr. **1 P.**

7. Für jede Teilaufgabe gibt es **1 P.**
a) Leon steht in einer Viertelstunde auf. Dann ist es 6.45 Uhr.
b) Leons Schwester stand vor 6 Minuten auf. Da war es 6.24 Uhr.
c) Leons Vater stand vor 35 Minuten auf. Da war es 5.55 Uhr.
d) Leons Mutter stand vor 45 Minuten auf. Da war es 5.45 Uhr.
e) Leons Hund Struppi wacht gerade auf. Es ist 6.30 Uhr.
f) Leons Freund steht in 12 Minuten auf. Dann ist es 6.42 Uhr.

Noten-Übersicht für die Klassenarbeit: „Umgang mit der Zeit":

Punkte	Note
47–46	1
45–43	1,5
42–40	2
39–35	2,5
34–31	3
30–27	3,5
26–24	4
23–16	4,5
15–9	5
8–5	5,5
4–0	6

Seiten 39–40

1. Für jeden richtigen Eintrag in die Tabelle gibt es **1 P.** (**4 P.** insgesamt)

2 €	1 €	50 ct	20 ct	10 ct	5 ct	2 ct	1 ct
2				1		1	1
		1	1	1			1
1	1				1	2	
	1		1		1	1	

2. Rechnung: 6,48 € + 2,04 € + 0,69 € + 0,79 € = 10 € **1 P.** für jeden Artikel.
Antwort: Maria hat folgende Sachen gekauft: 2 Kästen Wasser, Blumenkohl, Schokolade und Milch. **1 P.**

3. Für jede Teilaufgabe gibt es **1 P.**
a) 7 m 42 cm + 2 m 58 cm = 10 m
b) 4 m 33 cm + 5 m 67 cm = 10 m
c) 4,09 m + 5,91 m = 10 m
d) 3,18 m + 6,82 m = 10 m
e) 48 cm + 952 cm = 10 m
f) 950 cm + 50 cm = 10 m

4. Für jeden Eintrag gibt es **1 P.** (**4 P.** insgesamt)

1 km	100 m	10 m	1 m
3	4	0	2
1	0	0	3
6	0	3	1
0	5	0	0

zu den Seiten 39 – 40:

5. Für jede richtige Gewichtsangabe gibt es **1 P.** Für das Sortieren nach Größe gibt es **1 P.**

a) Springseil: 180 g
b) Fahrrad: 13 kg
c) Lieferwagen: 5 t
d) Tafel Schokolade: 100 g

100g < 180 g < 13 kg < 5 t

6. Rechnung: 7 t + 2 t 230 kg = 9 t 230 kg. **1 P.**
Mit Palette 1 und Palette 3 als Ladung hat der Lkw genau das Höchstgewicht. Diese Paletten musst du einkreisen.
Denn 590 kg + 1 t 640 kg = 2 t 230 kg **1 P.**

7.

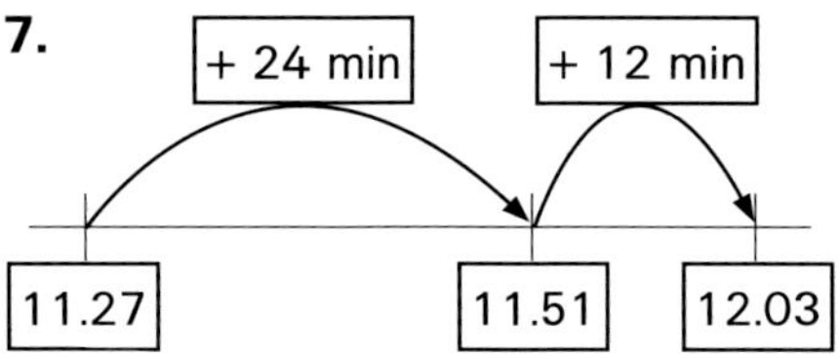

1 P. **1 P.**

Antwort: Kathrin kommt um 12.03 Uhr im Museum an. **1 P.**

Noten-Übersicht für die Klassenarbeit: „Rechnen mit Größen, vermischte Aufgaben“:

Punkte	Note
29 – 28	1
27	1,5
26 – 25	2
24 – 22	2,5
21 – 19	3
18 – 17	3,5
16 – 15	4
14 – 10	4,5
9 – 6	5
5 – 3	5,5
2 – 0	6

Seiten 41–42

1. Rechnung: 2 · 0,49 € = 0,98 € **1 P.**
3 · 1,25 € = 3,75 € **1 P.**
0,98 € + 3,75 € + 1,10 € = 5,83 € **1 P.**
6,81 € – 5,83 € = 0,98 **1 P.**
Antwort: Sarah soll 0,98 € zu viel zahlen. Die Kassiererin hat die Joghurt doppelt berechnet. **1 P.**

2. Für jede richtig ausgefüllte Lücke gibt es **1 P.**
Klaus sieht, dass das Schullandheim eine Lieferung mit 32 Kästen Wasser bekommt. Ein Angestellter sagt: Das passiert bei uns alle 2 Wochen So erhalten wir pro Monat 64 Kästen.
Rechnung: 64 · 10 Flaschen = 640 Flaschen **1 P.**
Antwort: Im Monat sind das 640 Flaschen. **1 P.**

3. Diese Frage ist sinnvoll: Wie viel Zeit brauchte sie für die Strecke? **1 P.**
Rechnung am Rechenstrich:

1 P. **1 P.** **1 P.**

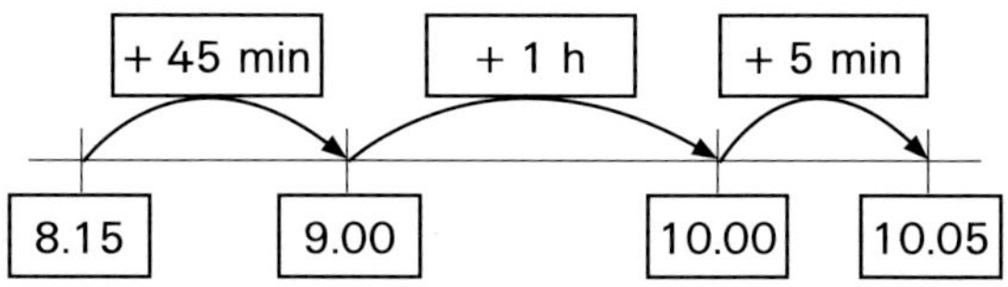

45 min + 1 h + 5 min = 1 h 50 min **1 P.**
Wenn du andere Lösungsschritte durchgeführt hast oder einen anderen Lösungsweg gewählt hast, erhältst du bei gleichem Ergebnis alle Punkte.
Antwort: Sie brauchte für die Strecke 1 h 50 min. **1 P.**

4. Diese Fragen lassen sich beantworten:
Wie viele Affen sieht Kai, kurz bevor es zu regnen beginnt? **1 P.**
Wie viele Affen fliehen vor dem Regen? **1 P.**
Rechnung: 16 Affen – 3 Affen = 13 Affen;
13 Affen + 7 Affen = 20 Affen **2 P.**
Regen beginnt! 20 Affen **:** 2 = 10 Affen **1 P.**
Antworten: Kurz vor dem Regen sieht Kai 20 Affen. **1 P.** 10 Affen fliehen vor dem Regen. **1 P.**

5. a) Sie können insgesamt 82 Tiere bauen. **1 P.**
b) Sie können 41 Tiere mit weißen und roten Steinen und 41 Tiere mit weißen und gelben Steinen bauen. **1 P.**
Rechnung: Jedes Tier besteht aus 5 weißen Steinen. Insgesamt gibt es davon 410.
410 **:** 5 = 82 Tiere insgesamt. **1 P.**
Die Hälfte hat zusätzlich rote Steine, die andere Hälfte gelbe Steine. 82 **:** 2 = 41 Tiere mit weißen und roten Steinen und 41 Tiere mit weißen und gelben Steinen. **1 P.**

Noten-Übersicht für die Klassenarbeit: „Umgang mit Texten“:

Punkte	Note
29–28	1
27	1,5
26–25	2
24–22	2,5
21–19	3
18–17	3,5
16–15	4
14–10	4,5
9–6	5
5–3	5,5
2–0	6

Seiten 43–44

1. Zu unterstreichen sind folgende Wörter: zweimal, dreimal, pro Person, insgesamt. (je **1 P.**)
Rechnung: 2 · 2,10 € = 4,20 € **1 P.**
2 · 2,65 € = 5,30 € (Eintritt für 1-mal Schwimmbad für Opa und Lena) **1 P.**
3 · 5,30 € = 15,90 € (3-mal Eintritt Schwimmbad für Opa und Lena) **1 P.**
15,90 € + 4,20 € = 20,10 € **1 P.**
Antwort: Insgesamt muss Opa 20,10 € ausgeben. **1 P.**

2. a) Zu unterstreichen sind: zählt zusammen, immer das Wort je (insgesamt **2 P.**)
b) Frage: Wie viel Euro hat Frau Schmitt eingenommen? **1 P.**
Rechnung: 4 · 50 € = 200 € **1 P.**
5 · 20 € = 100 € **1 P.**
10 · 10 € = 100 € **1 P.**
7 · 5 € = 35 € **1 P.**
28 · 2 € = 56 € **1 P.**
17 € + 56 € + 35 € + 100 € + 100 € + 200 € = 508 € **1 P.**
Antwort: Frau Schmitt hat 508 € eingenommen. **1 P.**

3. a) Zu unterstreichen sind: kürzt, halbiert (je **1 P.**)
b) Rechnung: 827 cm – 47 cm = 780 cm **1 P.**
780 cm : 2 = 390 cm **1 P.**
Antwort: Die beiden Stücke sind 390 cm lang. **1 P.**

4. Skizze:

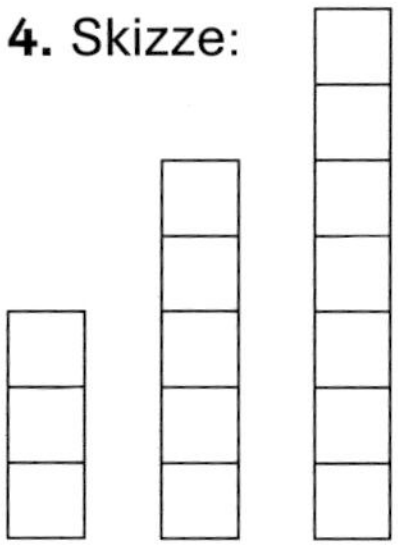
usw.

Weiter gedacht: 4. Turm 9 Würfel, 5. Turm 11 Würfel, 6. Turm 13 Würfel, 7. Turm 15 Würfel. Skizze und Überlegung insgesamt **1 P.** Antwort: Ali hat 7 Türme gebaut. **1 P.**

5.

Nelken (Stück)	3	1	2	5
Preis (€)	1,80	0,60	1,20	3,00

Rosen (Stück)	8	4	2	1	3
Preis (€)	11,20	5,60	2,80	1,40	4,20

Für jede Tabelle erhältst du je **1 P.**, wenn deine Werte richtig sind – egal, wie viele Spalten du ausgefüllt hast.
Rechnung 3,00 € + 4,20 € = 7,20 € **1 P.**
Antwort: Der Strauß kostet 7,20 €. **1 P.**

zu den Seiten 43–44:

6. Für jede richtig ausgefüllte Lücke erhältst du **1 P.** (insgesamt **5 P.**)

Holzlatten (m)	Preis (€)
0,50	1,25
1,00	2,50
2,00	5,00
3,00	7,50
4,00	10,00
5,50	13,75

Rechnung: 0,5 m + 1 m + 2 m + 3 m + 4 m + 5,5 m = 16 m **1 P.**
Antwort: Alle Meterangaben zusammen ergeben 16 m. **1 P.**

Noten-Übersicht für die Klassenarbeit: „Umgang mit Texten“:

Punkte	Note
37–36	1
35–34	1,5
33–31	2
30–28	2,5
27–24	3
23–21	3,5
20–19	4
18–13	4,5
12–7	5
6–4	5,5
3–0	6

Seiten 45–46

1. a) Rechnung: 6,24 € + 5,40 € + 7,80 € = 19,44 € **1 P.**
Antwort: Die Lehrerin bezahlt insgesamt 19,44 € **1 P.**
b) Rechnung: 6,24 € **:** 8 = 0,78 € **1 P.**
5,40 € **:** 10 = 0,54 € **1 P.**
7,80 € **:** 6 = 1,30 € **1 P.**
Antwort: Ein Lineal kostet 0,78 €, ein Bleistift kostet 0,54 € und ein Pinsel kostet 1,30 €. **1 P.** Wenn du alles in Cent ausgerechnet hast, ist das auch in Ordnung.

2. Rechnung: 476,80 € – 122 € = 354,80 € **1 P.**
360 – 354,80 € = 5,20 € **1 P.**
Antwort: Frau Schulz hat 5,20 € gespendet. **1 P.**

3. Rechnung: 6,20 m + 12,30 m + 44 m + 4,70 m = 67,20 m **1 P.**
Antwort: Zusammen sind es 67,20 m **1 P.**

4. a) Rechnung: 4,20 m **:** 2 = 2,10 m **1 P.**
3,40 m **:** 2 = 1,70 m **1 P.**
Antwort: Jede der Flächen ist 2,10 m lang und 1,70 breit. **1 P.**
b) Rechnung: 4,20 m + 3,40 m = 7,60 m **1 P.**
Antwort: Die Stücke Klebeband sind zusammen 7,60 m lang. **1 P.**

5. Rechnung:
3 t 700 kg – 2 t 800 kg = 900 kg **1 P.**
Antwort: Die Last darf 900 kg wiegen. **1 P.**

6. Rechnung:

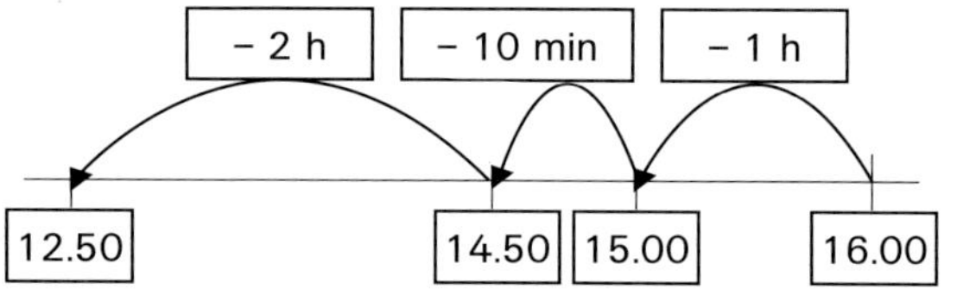

1 P. **1 P.** **1 P.**

Antwort: Achim hat um 12.50 Uhr zu Mittag gegessen. **1 P.**

7. Rechnung: 25 s · 3 = 75 s **1 P.**
75 s = 1 min 15 s **1 P.**
Antwort: Nora verbringt 1 min und 15 s mit Händewaschen. **1 P.**

Noten-Übersicht für die Klassenarbeit: „Einfache Textaufgaben – Größen“:

Punkte	Note
25–24	1
23	1,5
22–21	2
20–19	2,5
18–17	3
16–15	3,5
14–13	4
12–9	4,5
8–5	5
4–3	5,5
2–0	6

Seiten 47–48

1. Rechnung: 36,45 € + 29,20 € + 25,05 € = 90,70 € **1 P.**
Antwort: Die Reparatur kostete 90,70 € **1 P.**

2. Rechnung:
465,80 € + 89,90 € = 555,70 € **1 P.**
582,15 € – 555,70 € = 26,45 € **1 P.**
Antwort: Die anderen Artikel haben 26,45 € gekostet. **1 P.**

3. Du solltest wie folgt überlegt haben: Die Zahl 456 hat 3 aufeinanderfolgende Ziffern und die Quersumme 15.
456 – 123 ergibt 333. Das ist eine Zahl mit drei gleichen Ziffern. **1 P.**
Antwort: Kira meint die Zahlen 456 und 333. **1 P.**

4. Rechnung: 27,40 m · 3 = 82,20 m **1 P.**
Antwort: Insgesamt sind das 82,20 m. **1 P.**

5. Rechnung: 6 · 5 ct = 30 ct **1 P.**
3 · 20 ct = 60 ct **1 P.**
376 · 2 ct = 752 ct **1 P.**
752 ct + 60 ct + 30 ct = 842 ct = 8,42 € **1 P.**
Antwort: Nein, das Geld reicht nicht. **1 P.**

6. Rechnung: 316 **:** 4 = 79 **1 P.**
Antwort: Das sind 79 Portionen Eis. **1 P.**

7. Rechnung: 55 **:** 4 = 13 R 3 **1 P.**
Antwort: Sie brauchen 14 Bänke. **1 P.**

8. Rechnung: 3,15 € **:** 9 = 0,35 € **1 P.**
Antwort: Eine Lakritzstange kostet 35 Cent (oder 0,35 €). **1 P.**

Noten-Übersicht für die Klassenarbeit: „Einfache Textaufgaben, Grundrechenarten“:

Punkte	Note
20	1
19	1,5
18–17	2
16–15	2,5
14–13	3
12	3,5
11–10	4
9–7	4,5
6–4	5
3–2	5,5
1–0	6

Seiten 49–50

1. Rechnung: 6 · 0,40 € = 2,40 € **1 P.**
4 · 0,60 € = 2,40 € **1 P.**
3 · 1,60 € = 4,80 € **1 P.**
2,40 € + 2,40 € + 4,80 € = 9,60 € **1 P.**
10 € – 9,60 € = 0,40 € **1 P.**
Antwort: Das Geld reicht und es bleiben 40 ct (oder 0,40 €) übrig. **1 P.**

2. Rechnung: 126 **:** 7 = 18 **1 P.**
18 · 9 € = 162 € **1 P.**
Antwort: Frau Schürmann nimmt 162 € ein. **1 P.**

3. Rechnung:
30 · 15 ct = 450 ct (oder 4,50 €) **1 P.**
4,50 € · 2 = 9 € **1 P.**
4,50 € + 9 € = 13,50 € **1 P.**
13,50 – 1,50 = 12 € **1 P.**
Antwort: Herr Friedrich zahlt 12 €. **1 P.**

zu den Seiten 49 – 50:

4. Rechnung: 43 Murmeln – 15 Murmeln = 28 Murmeln **1 P.**
28 Murmeln + 9 Murmeln = 37 Murmeln **1 P.**
Antwort: Vor dem Spiel hatte Clara 37 Murmeln. **1 P.**

5. Überlegung: Nach 400 m den halben Weg wieder zurück und muss denselben Weg wieder in Richtung Schule laufen.
400 **:** 2 = 200; 200 · 2 = 400. Iris macht also einen Umweg von 400 m. **1 P.**
Iris' normaler Schulweg + Umweg:
2 km 300 m + 400 m = 2 km 700 m. **1 P.**
Wenn du auf einem anderen Weg zu derselben Lösung gekommen bist, ist das genauso richtig.
Antwort: Diesmal war ihr Schulweg 2 km und 700 m weit. **1 P.**

6. Rechnung: 5 min = 300 s **1 P.**
1 min 16 s = 76 s **1 P.**
300 s – 76 s = 224 s **1 P.**
Wenn du auf einem anderen Weg zu derselben Lösung gekommen bist, ist das genauso richtig.
Antwort: Bis zu 5 vollen Minuten fehlen noch 224 s. **1 P.**

7. Rechnung: 57 Bälle **:** 3 = 19 Softbälle **1 P.**
57 Bälle – 19 Bälle – 2 Bälle = 36 restliche Bälle **1 P.**
36 Bälle **:** 2 = 18 Gymnastikbälle **1 P.**
Übrig bleiben 18 Handbälle **1 P.**

Softbälle	Fußbälle	Gymnastikbälle	Handbälle
19	2	18	18

Richtiges Ausfüllen der Tabelle: **1 P.**

Noten-Übersicht für die Klassenarbeit: „Komplexe Textaufgaben":

Punkte	Note
29 – 28	1
27	1,5
26 – 25	2
24 – 22	2,5
21 – 19	3
18 – 17	3,5
16 – 15	4
14 – 10	4,5
9 – 6	5
5 – 3	5,5
2 – 0	6

Seiten 51 – 52

1. Diese Fragen kannst du beantworten:
Um wie viele Jahre ist Miras Vater älter als Miras Mutter? **1 P.**
Um wie viele Jahre ist Miras Mutter älter als Mira? **1 P.**
Diese Fragen kannst du nicht beantworten:
Wie alt ist Miras Bruder? **1 P.**
Um wie viele Jahre ist Miras Bruder jünger als Mira? **1 P.**
1. Rechnung: Mutter: 8 Jahre · 4 = 32 Jahre **1 P.**
Vater: 8 Jahre · 5 = 40 Jahre **1 P.**
40 Jahre – 32 Jahre = 8 Jahre **1 P.**
1. Antwort: Miras Vater ist acht Jahre älter als Miras Mutter. **1 P.**
2. Rechnung: 32 Jahre – 8 Jahre = 24 Jahre **1 P.**
2. Antwort: Miras Mutter ist 24 Jahre älter als Mira. **1 P.**

2. Zu unterstreichen sind: doppelt, zusätzlich, insgesamt (je **1 P.**).
Rechnung: 13 Steine · 2 = 26 Steine **1 P.**
26 Steine + 3 Steine = 29 Steine **1 P.**
Antwort: Insgesamt benötigt Marc 29 Steine. **1 P.**

3. Rechnung: 3 + 8 = 11, also rechnest du:
2,00 € + 0,75 € = 2,75 € **1 P.**
Antwort: Der Kunde muss 2,75 € bezahlen. **1 P.**

4. Rechnung: 24 € **:** 0,80 € = 30 **1 P.**
30 · 50 cm = 1500 cm **1 P.**
1500 cm = 15,00 m **1 P.**
Antwort: Herr Müller hat 15 m Holzleisten gekauft. **1 P.**

5. Rechnung:
2 t 850 kg – 740 kg = 2 t 110 kg **1 P.**
Antwort: Ohne Ladung wiegt der Wagen 2 t 110 kg **1 P.**

6. Rechnung:

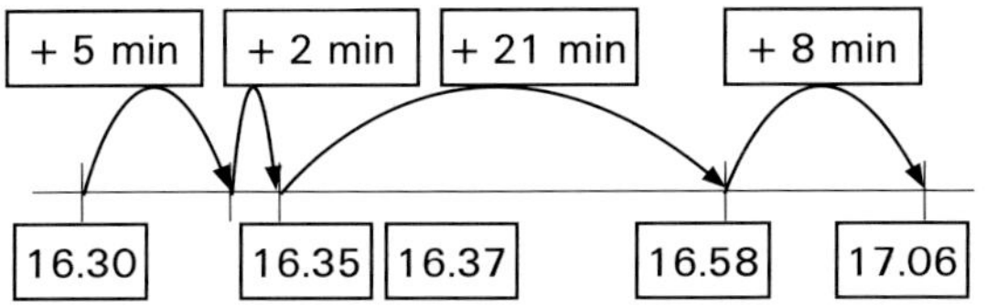

1 P. **1 P.** **1 P.** **1 P.**

Antwort: Lena kommt um 17.06 Uhr nach Hause. **1 P.**

7. Rechnung: 59,10 € : 6 = 9,85 € **1 P.**
Antwort: Eine DVD kostet 9,85 € **1 P.**

Noten-Übersicht für die Klassenarbeit: „Textaufgaben, vermischte Aufgaben":

Punkte	Note
31 – 30	1
29	1,5
28 – 26	2
25 – 23	2,5
22 – 20	3
19 – 18	3,5
17 – 16	4
15 – 11	4,5
10 – 6	5
5 – 3	5,5
2 – 0	6

Seiten 53–54

1. Pro Figur **1 P.**

a)

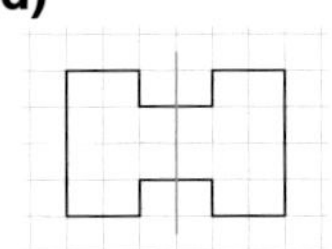

b)

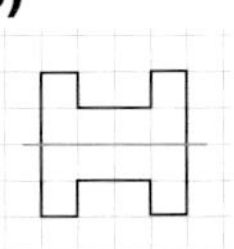

c)

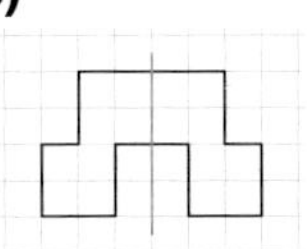

b)

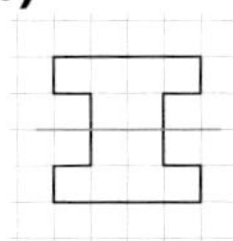

d)

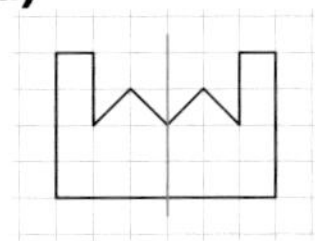

f)

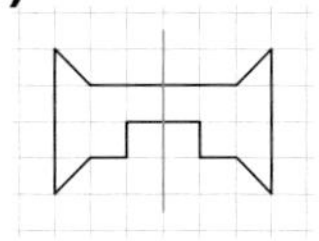

2. Für jede richtig gespiegelte Teilachse **1 P.** (insgesamt **6 P.**)

a)

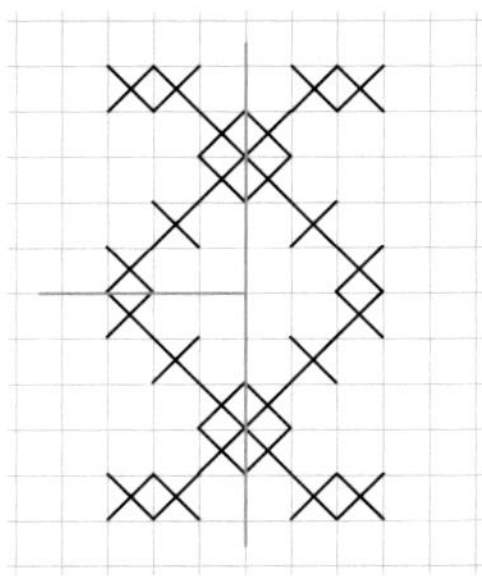

b)

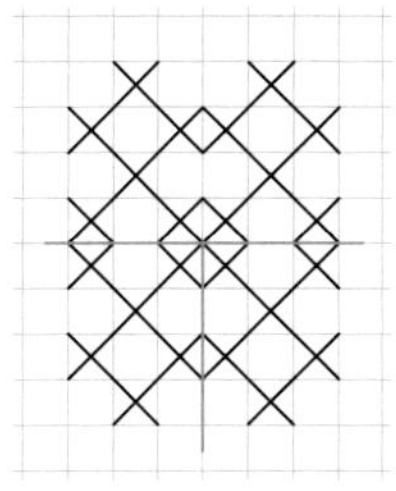

3. Für jede Teilaufgabe jeweils **2 P.**

a)

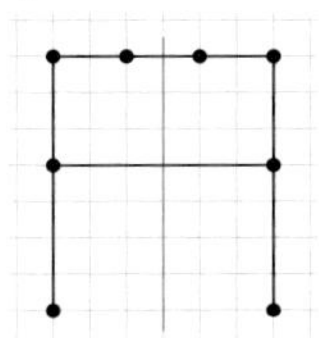

b)

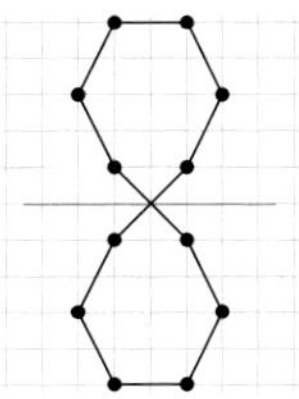

4. Für jede Spiegelachse **1 P.** (**15 P.**)

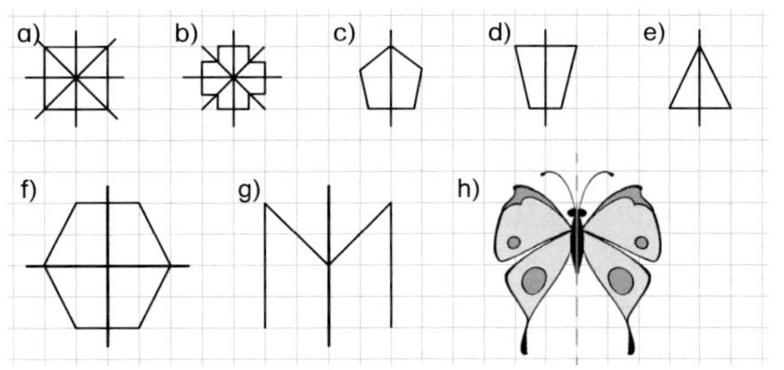

5. Für jede Spiegelachse **1 P.**

a)

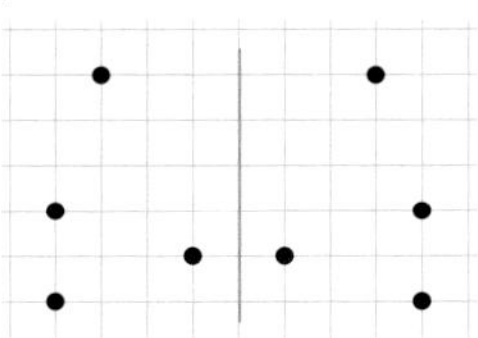

b)

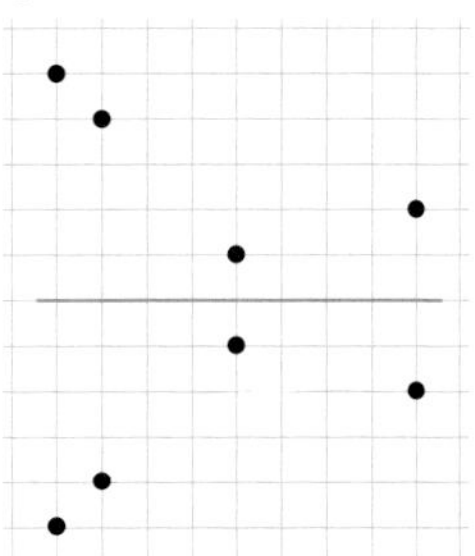

zu den Seiten 53 – 54:

6. Jeder eingekreiste Fehler **1 P.**

a)

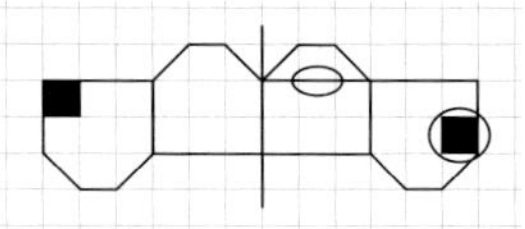

b)

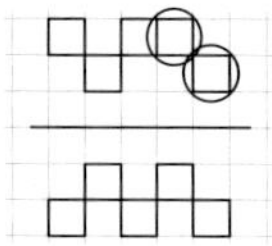

c)

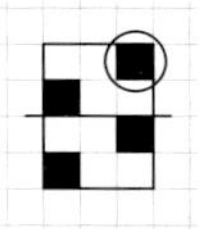

d)

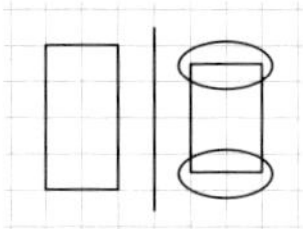

Noten-Übersicht für die Klassenarbeit: „Symmetrie“:

Punkte	Note
40 – 39	1
38 – 37	1,5
36 – 34	2
33 – 30	2,5
29 – 26	3
25 – 23	3,5
22 – 20	4
19 – 14	4,5
13 – 8	5
7 – 4	5,5
3 – 0	6

Seiten 55–56

1. Für jedes fortgesetzte Muster **1 P.** (insgesamt **7 P.** für **a)**, **3 P.** für **b)**)

a)

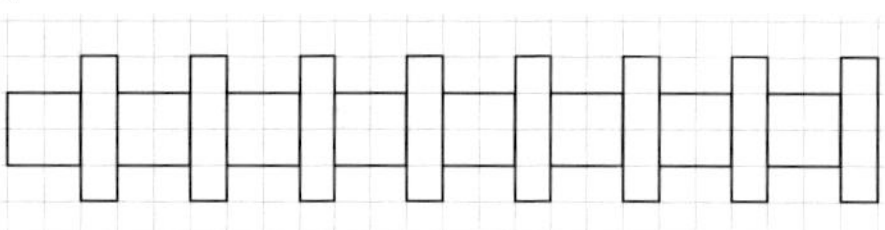

b)

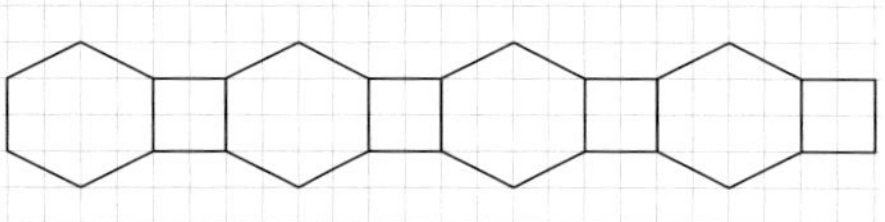

2. Für jede richtig eingezeichnete Form **1 P.**

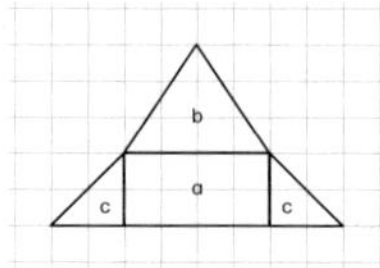

3. Für jede Teilaufgabe **1 P.** Für die Zeichnung **1 P.**

a) Davon benötige ich 4.

b) Davon benötige ich 6.

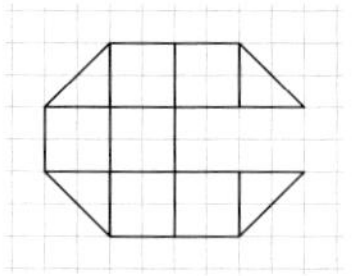

4. Für jede weitere Figur **1 P.** So oder ähnlich sollte deine Lösung aussehen:

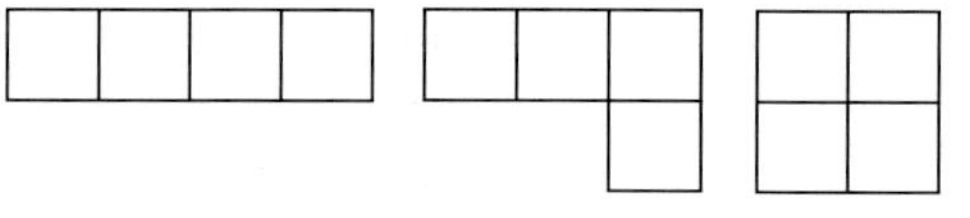

5. Für jede Figur **1 P.** Für jede richtige Antwort jeweils **1 P.**

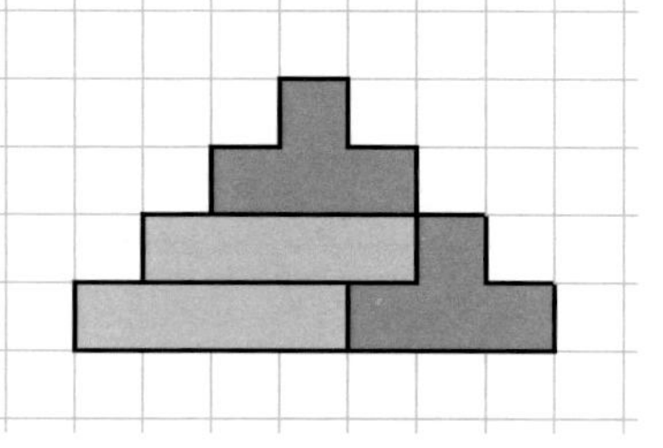

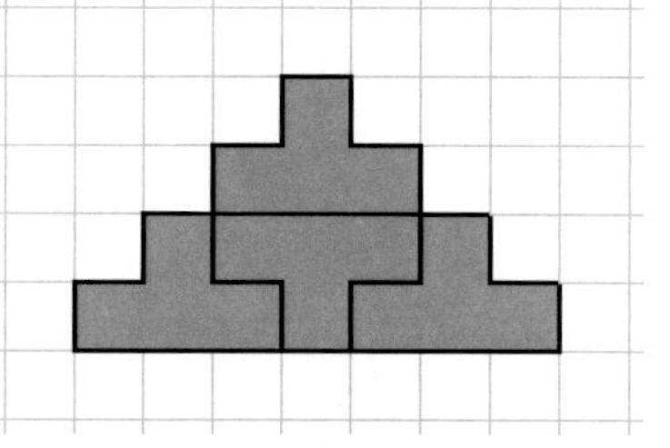

Für Pyramide a) habe ich folgende Figuren gebraucht: 1; 2 (**1 P.**)

Für Pyramide b) habe ich folgende Figuren gebraucht: 2; 2 (**1 P.**)

6. Für jede richtig zugeordnete Figur **1 P.**

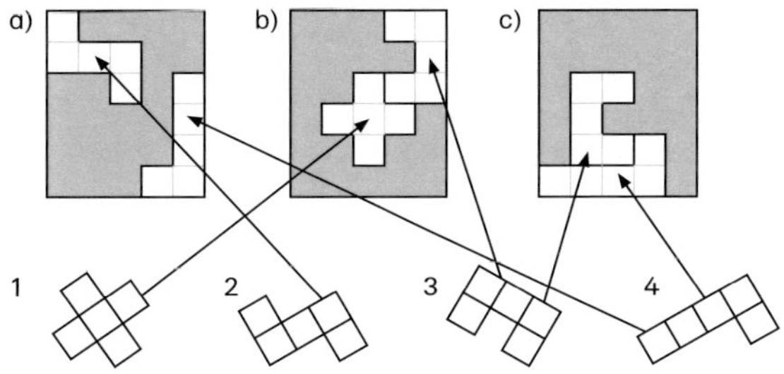

Noten-Übersicht für die Klassenarbeit: „Parkette“:

Punkte	Note
30–29	1
28	1,5
27–26	2
25–23	2,5
22–20	3
19–17	3,5
16–15	4
14–11	4,5
10–6	5
5–3	5,5
2–0	6

Seiten 57–58

1. Für jedes korrigierte Feld **1 P.** Die Felder, die du verbessern solltest, sind grau hinterlegt.

a)

2	1	1

b)

2	1	1
1		1
1	1	1

c)

1	2	1
	1	

d)

2	2
1	
3	

2. Für jeden Bauplan **2 P.** (**8 P.**) Wenn du in das grau markierte Feld eine 1, 2 oder 3 eingetragen hast, ist das auch richtig.

a)

2	1	2	1	2

b)

3	2
1	
2	

c)

1		1
2	1	2
1		1

d)

4		1
1	5	1
1	1	4

3. Für jede richtige Entscheidung gibt es **1 P.** (**4 P.** insgesamt)
Die Baupläne **a)** und **c)** passen zu dem Gebäude. Die Pläne **b)** und **d)** passen nicht.

4. Für jede richtige Würfelanzahl **1 P.**
a) 20 **b)** 15 **c)** 18 **d)** 15

5. Für jede richtige Würfelanzahl **1 P.**
a) 18 **b)** 12 **c)** 12

6. Für jede richtige Flächenangabe **1 P.**
a) 10 **b)** 12 **c)** 7 **d)** 5 **e)** 12 **f)** 13

Noten-Übersicht für die Klassenarbeit: „Würfelgebilde“:

Punkte	Note
31–30	1
29	1,5
28–26	2
25–23	2,5
22–20	3
19–18	3,5
17–16	4
15–11	4,5
10–6	5
5–3	5,5
2–0	6

Seiten 59–60

1. Für jeden richtigen Eintrag **1 P.** (**22 P.**)
a) Planquadrat a: B 2; D 5, Planquadrat b: F 1; B 4, Planquadrat c: E 5; A 6, Planquadrat d: A 3; C 3
b) E 6
c) F 3
d) F 2
e) B 4
f) C 1
g) F 4
h) g, q, k, b, r, a, e, k

zu den Seiten 59 – 60:

2. Für jede richtige Zuordnung **1 P.**
a) links
b) hinten
c) rechts
d) vorn

3. Für jede richtig angegebene Zahl **1 P.** (insgesamt **5 P.**)
a) Kippen 1: 1; Kippen 2: 2; Kippen 3: 3
b) 6
c) 3

4. Für die richtige Begründung **2 P.**
So oder so ähnlich sollte deine Antwort lauten: Die Ansicht **a)** ist falsch. Das Turmfenster liegt nicht auf der Dachschräge.

Noten-Übersicht für die Klassenarbeit: „Pläne und Perspektiven“:

Punkte	Note
33 – 32	1
31	1,5
30 – 28	2
27 – 25	2,5
24 – 22	3
21 – 19	3,5
18 – 17	4
16 – 12	4,5
11 – 7	5
6 – 3	5,5
2 – 0	6

Seiten 61 – 62

1. Für die richtige Antwort **1 P.**
Katrin hat den Würfel aus Würfelnetz **c)** gebastelt.

2. Für jede richtige Entscheidung gibt es **1 P.** (**6 P.**)
Aus folgenden Netzen kannst du Würfel falten: **a)**, **b)**, **e)**

3. Für die richtige Anzahl jeweils **1 P.** Für das Ausmalen jeweils **1 P.**
a) 4

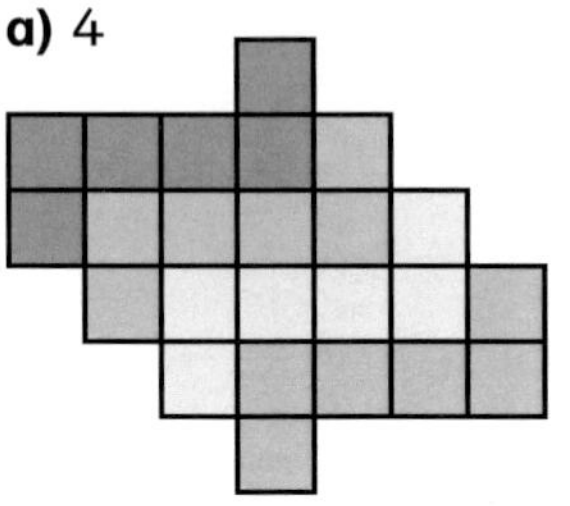

b) 3

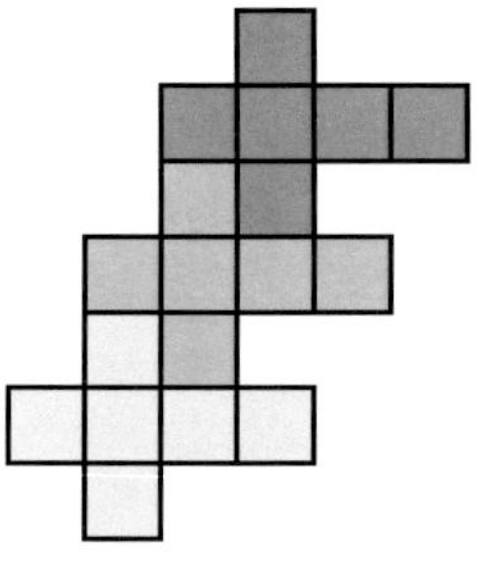

4. Für jedes hinzugefügte Muster **1 P.** Für die Antwort **1 P.** (**4 P.**) Es sind insgesamt 5 Muster.

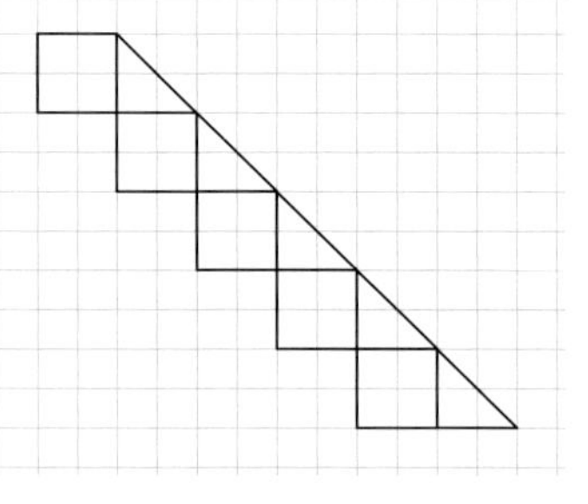

5. Für jede fortgeführte Form **1 P.** (insgesamt **10 P.**)

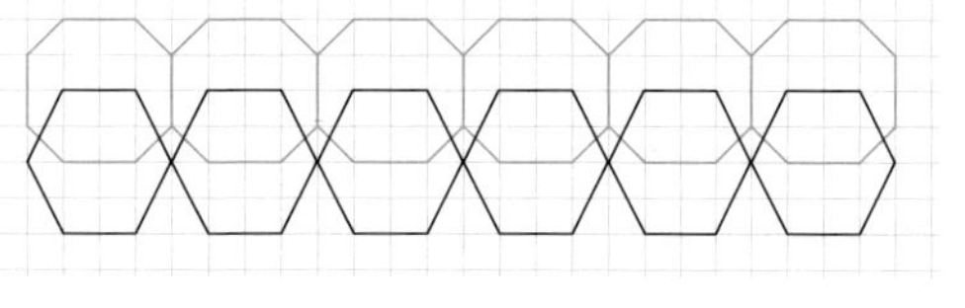

6. Für die das Fertigstellen des Musters **4 P.** Für die richtige Auswahl aus den Formen a), b) und c) **3 P.**

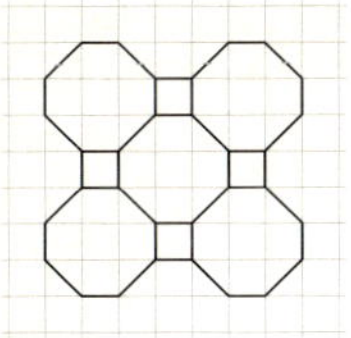

Es entsteht im Inneren der Form Figur b).

Noten-Übersicht für die Klassenarbeit: „Würfelnetze und Muster“:

Punkte	Note
32–31	1
30	1,5
29–27	2
26–24	2,5
23–21	3
20–19	3,5
18–16	4
15–11	4,5
10–6	5
5–3	5,5
2–0	6

Seiten 63–64

1. Für jede richtig gespiegelte Figur **1 P.**

a)

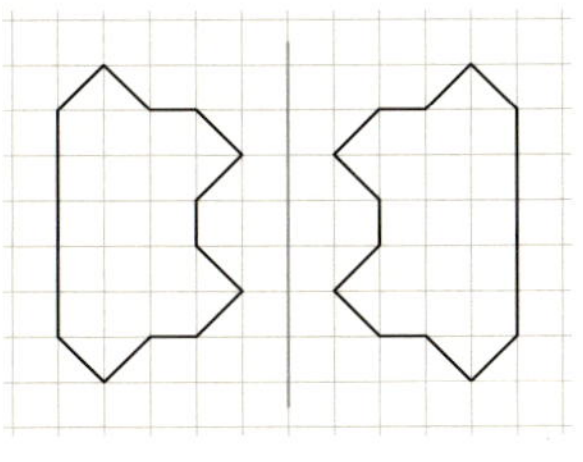

b)

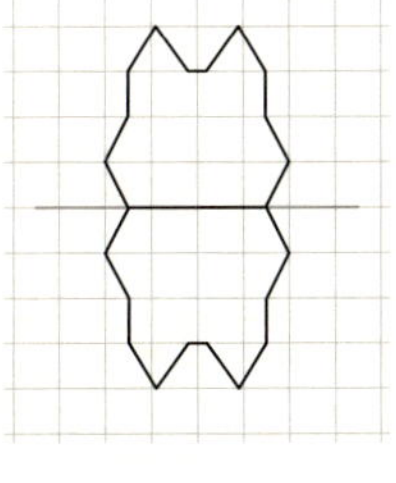

c)

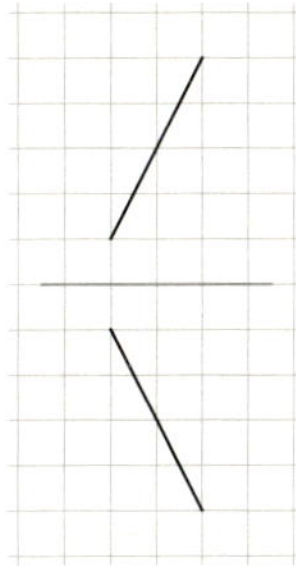

2. Für jede Spiegelachse **1 P.**

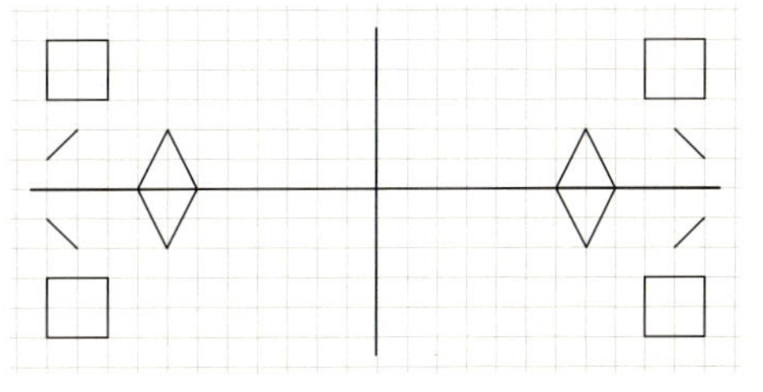

3. Für jeden richtigen Eintrag in die Tabelle **1 P.** (**4 P.**) Für jede richtig eingezeichnete Figur **1 P.**

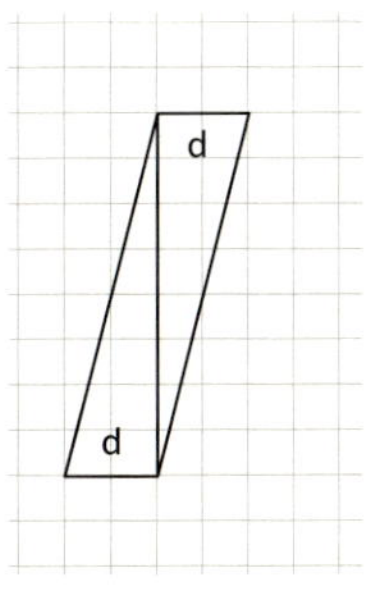

Fläche	a	b	c	d
Anzahl	0	0	0	2

4. Für jeden richtigen Bauplan **1 P.** Für jede richtige Würfelzahl **1 P.**

a)

3	**2**	**1**
2	**1**	**1**
1	**1**	**1**

Anzahl: 13 Würfel

b)

3	**1**	**4**
1	**0**	**0**
2	**0**	**0**

Anzahl: 11 Würfel

5. Für jede richtige Antwort **1 P.**
Antwort: Ich muss im Westen stehen.

6. Für jede fortgeführte Form des Musters **1 P.** (**11 P.**)

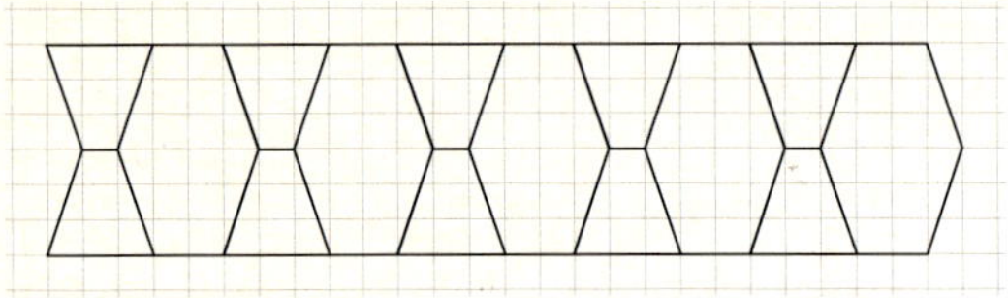

Noten-Übersicht für die Klassenarbeit: „Geometrie, vermischte Aufgaben“:

Punkte	Note
27–26	1
25	1,5
24–23	2
22–20	2,5
19–18	3
17–16	3,5
15–14	4
13–9	4,5
8–5	5
4–3	5,5
2–0	6

Platz für deine Notizen:

Name:	Klasse:	Datum:

1 Aus welchem Würfelnetz hat Katrin diesen 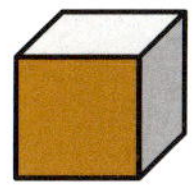 Würfel gebastelt? Kreise ein.

a)
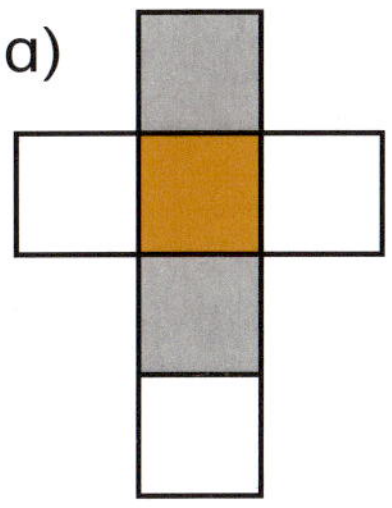

b)
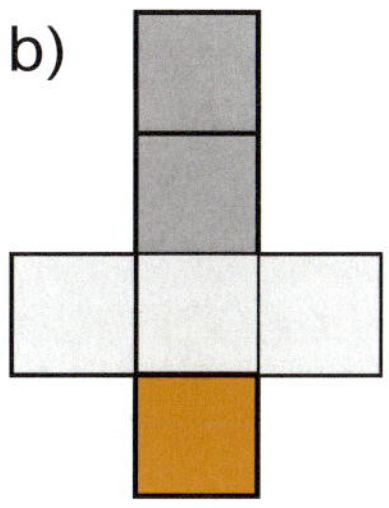

c)
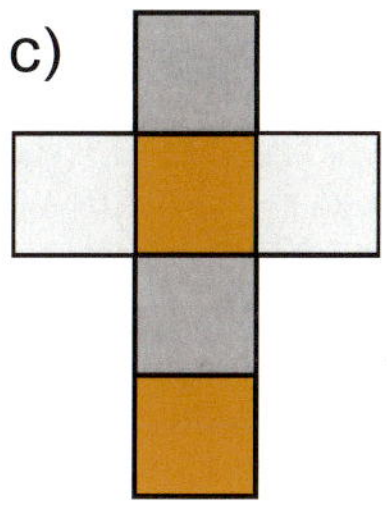

d)
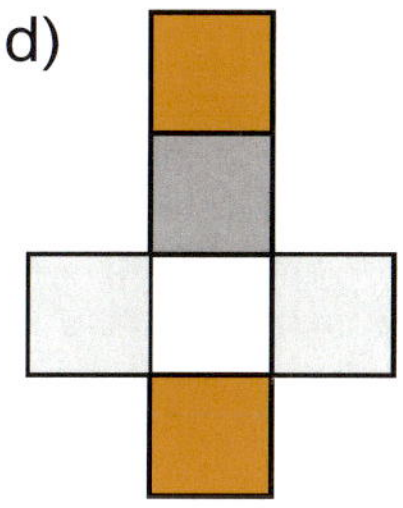

	1 P.

2 Aus welchen Würfelnetzen kannst du Würfel falten? Kreuze an.

a) ☐
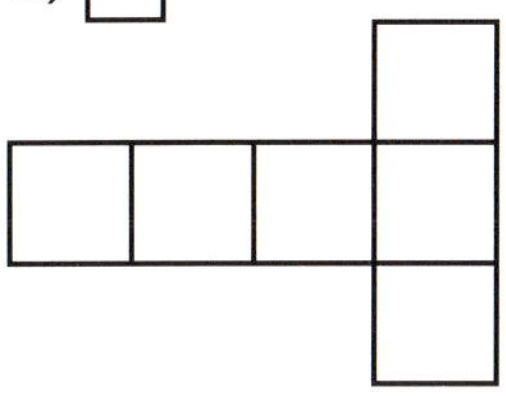

c) ☐
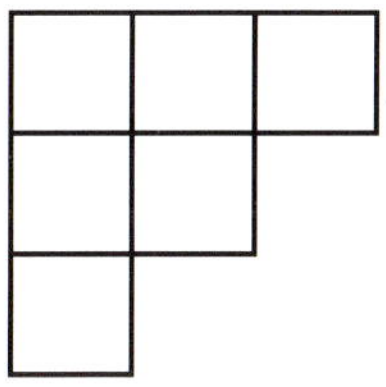

e) ☐
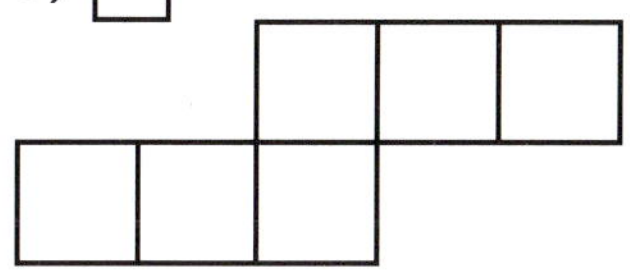

b) ☐
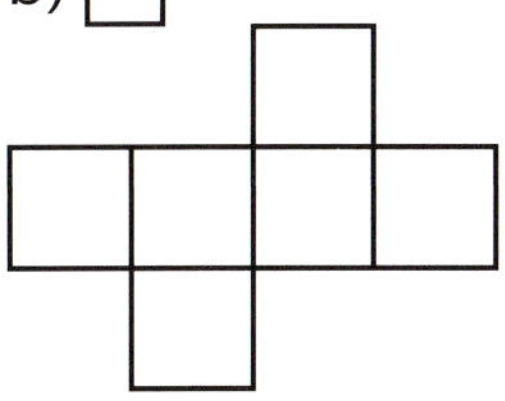

d) ☐
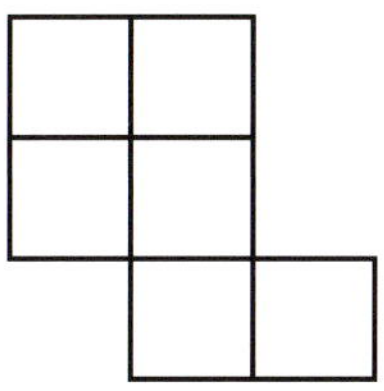

f) ☐
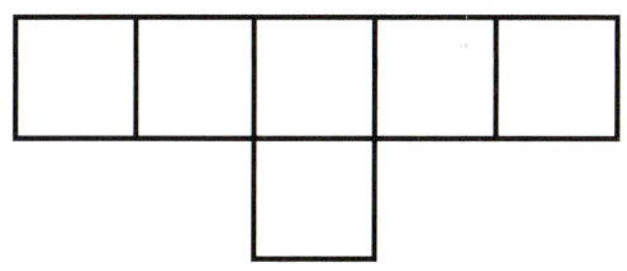

	6 P.

3 Aus 2 Würfelnetzen wurden Muster zusammengesetzt. Wie viele gleiche Würfelnetze beinhalten die beiden Muster? Male sie in verschiedenen Farben aus.

a)
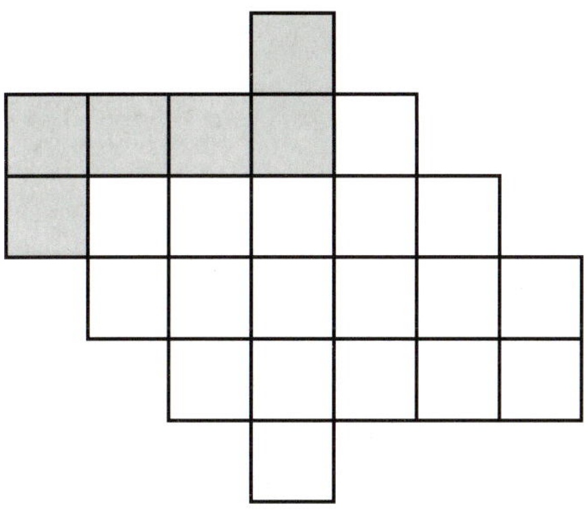

b)
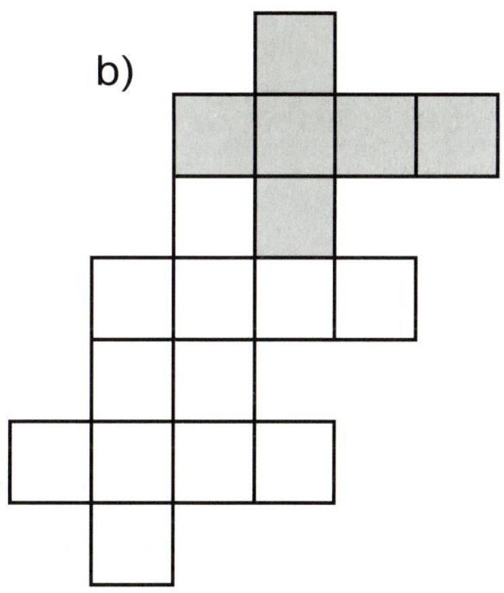

Anzahl: __

Anzahl: __

	4 P.

4 Zeichne das Muster wie vorgegeben weiter, bis kein vollständiges Muster mehr auf die Rechenfelder passt.

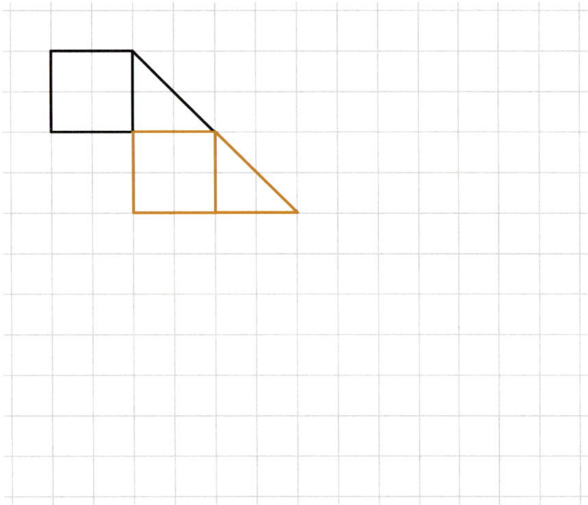

Wie viele vollständige Muster sind es insgesamt?

Antwort: Es sind insgesamt ___ Muster.

	4 P.

5 Setze die orangefarbene Form nach rechts und die schwarze nach links jeweils bis zum Ende des Rechenfeldes fort.

	10 P.

6 Beende das Muster im orangefarbenen Quadrat. Welche Form entsteht im Inneren? Male sie aus, und kreuze die richtige Form an.

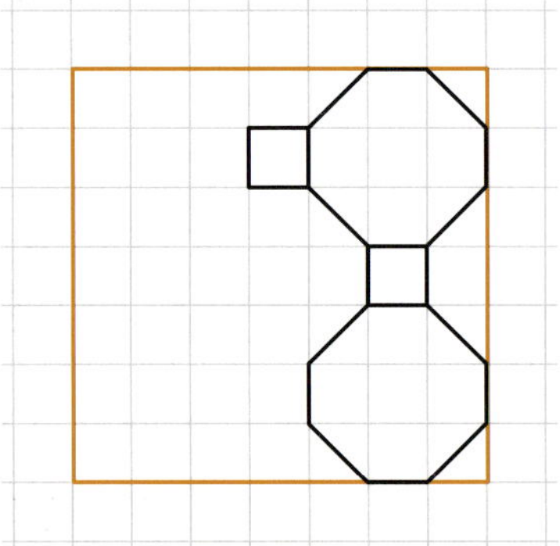

a) ☐ b) ☐ c) ☐

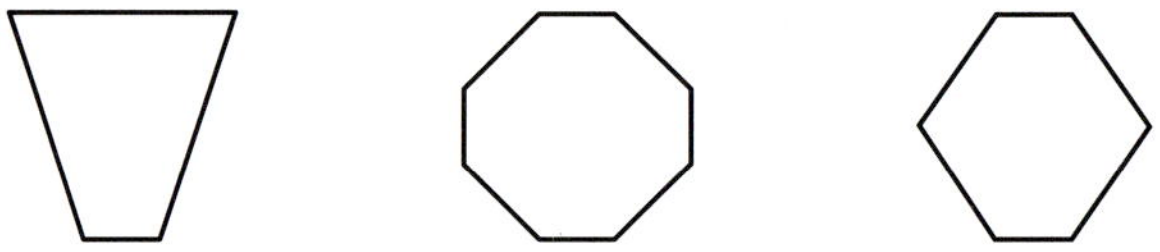

	7 P.

In dieser Klassenarbeit habe ich ☐ Punkte von insgesamt 32 Punkten erreicht.

Das entspricht der Note ☐ . (Schau in den Lösungen auf Seite 39 nach).

Name:	Klasse:	Datum:

1 Spiegle die Figuren an der Spiegelachse.

a)

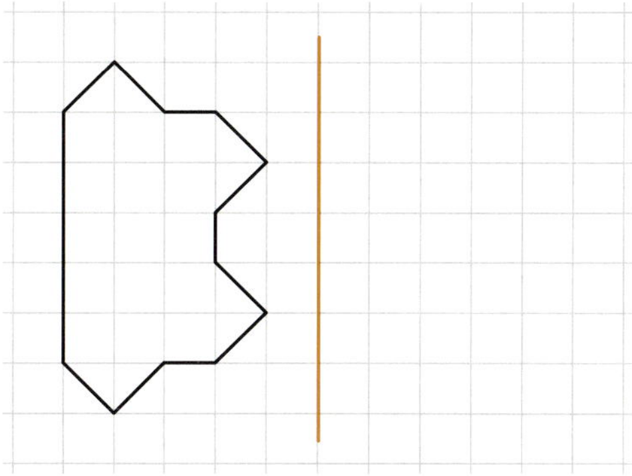

b)

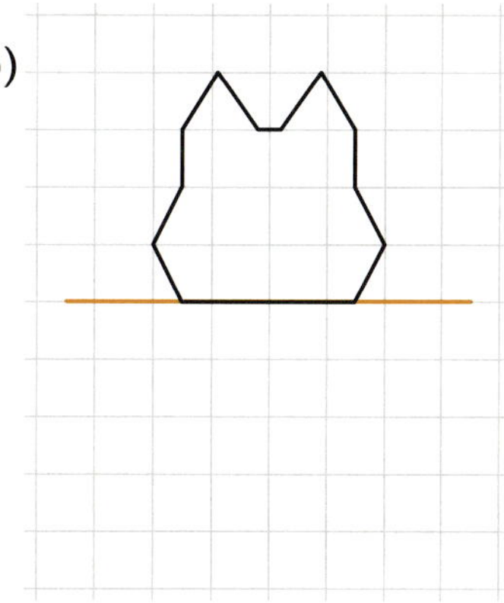

c)

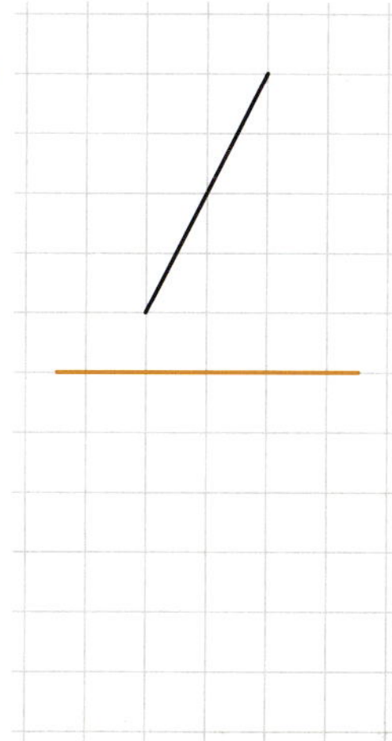

3 P.

2 Zeichne 2 Spiegelachsen ein, sodass auf jeder Seite der Teilachsen ein Quadrat, ein Dreieck und eine kleine Linie zu sehen sind.

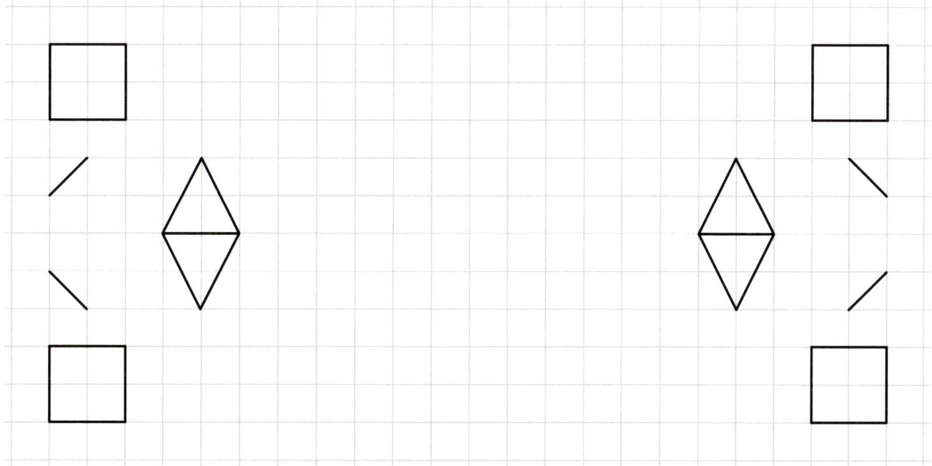

2 P.

3 Mit welchen Figuren kannst du die orangefarbene Form auslegen? Zeichne die Figuren ein, und fülle die Tabelle aus.

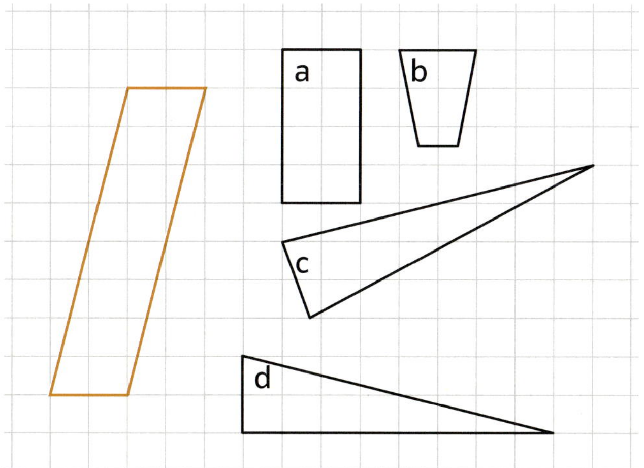

Um die orangefarbene Form auszulegen, benötige ich:

Fläche	a	b	c	d
Anzahl				

6 P.

4 Fülle die Baupläne zu diesen Gebäuden aus. Wie viele Würfel brauchst du jeweils?

a)

3	2	1
2	1	1
1	1	1

Anzahl: 21 Würfel

b)

3	1	4
1		
2		

Anzahl: 11 Würfel

4 P.

5 Wo musst du stehen, wenn du dieses Gebäude wie folgt siehst?

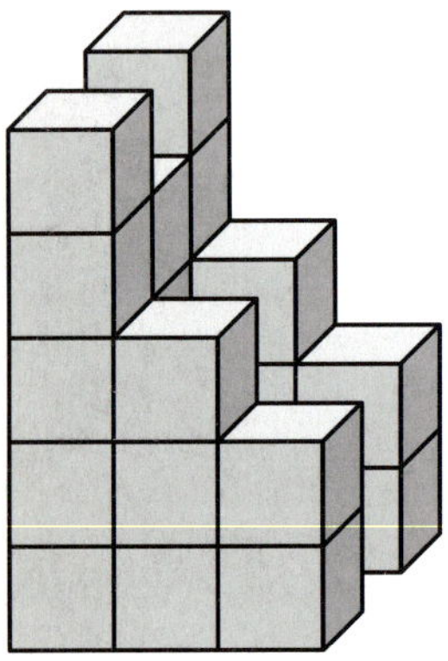

Nord

West

5	4	5
3	1	3
2	0	2

Ost

Süd

Antwort: ______________________________

1 P.

6 Ergänze die Form rechts, sodass das gleiche Muster wie links entsteht. Setze dann das Muster fort, bis es rechts anschließt.

11 P.

In dieser Klassenarbeit habe ich [ ] Punkte von insgesamt 27 Punkten erreicht.

Das entspricht der Note [ ]. (Schau in den Lösungen auf Seite 40 nach).